TRAITÉ

D'AGRICULTURE

PAR

LUCIEN PLATT

Ancien sous-directeur du jardin botanique
de Saint-Pierre-la-Martinique.

À PARIS

CHEZ N. J. PHILIPPART, ÉDITEUR

4 — Rue Honoré-Chevalier — 4

ET DANS LES DÉPARTEMENTS

CHEZ TOUS LES LIBRAIRES

TRAITÉ D'AGRICULTURE

par

LUCIEN PLATT

Ancien sous-directeur du Jardin des Plantes de Saint-Pierre (Martinique)

PARIS

N.-J. PHILIPPART, EDITEUR

4, RUE HONORÉ-CHEVALIER, 4

ET DANS LES DÉPARTEMENTS

CHEZ TOUS LES LIBRAIRES

1862

TABLE

Première Partie. — Points de Vues généraux.

Deuxième Partie. — Cultures.

TRAITÉ

D'AGRICULTURE

Iʳᵉ PARTIE. — POINTS DE VUE GÉNÉRAUX

LES TERRAINS.

1. PARTIES CONSTITUANTES. — PROPRIÉTÉS CHIMIQUES.

Les plantes vivent sur le sol et dans l'air. Elles se nourrissent par les racines, elles respirent par les feuilles ; suivant que les racines trouvent dans le sol une nourriture plus ou moins abondante, la végétation sera plus ou moins vigoureuse, la récolte plus ou moins rémunératrice ; mais telle plante se plaît sur le même terrain où telle autre dépérit ; il ne suffit donc pas que le sol soit fertile, il faut qu'il soit d'une fertilité appropriée à la nature de la plante qu'il nourrit. La connaissance des terrains, de leurs qualités et de leurs défauts est le fondement de l'agriculture.

La terre arable est un mélange de débris de roches réduites en poussière et de matières organiques accumulées par les plantes et les animaux qui ont vécu à différentes époques. La composition chimique de la terre participe nécessairement de la nature des roches dont elle dérive, et les éléments constitutifs des espèces minérales se retrouvent dans les sols qui, par l'effet du temps ou par l'industrie de l'homme, servent à la reproduction des végétaux. L'analyse chimique y fait, par exemple, reconnaître de la silice, du feldspath, de l'argile, du calcaire, de la magnésie, du plâtre, des phosphates et des nitrates. Les sels ammoniacaux et le carbone renfermés dans le terreau ont une origine organique. Examinons les propriétés de ces principaux éléments.

La SILICE se trouve sous forme de quartz ou combinée avec d'autres substances. Le sable est de la silice pure. Un sol qui en renferme beaucoup est facile à travailler, mais il manque ordinairement de consistance ; il exige des engrais souvent renouvelés, parce qu'il laisse filtrer leurs substances solubles.

Le FELDSPATH est un silicate d'alumine et de potasse ; il provient des roches granitiques. Tant qu'il est en fragments, il agit mécaniquement sur le sol à la manière du gravier et du gros sable. En se décomposant, il se change en argile et il abandonne son principe fertilisant, la potasse, aux eaux chargées d'acide carbonique.

L'ARGILE est un silicate d'alumine. Elle est *plastique*, c'est-à-dire qu'elle a la propriété de faire une pâte liante avec l'eau, ce qui la rend difficile à travailler dans la culture quand elle est mouillée. Elle durcit beaucoup en séchant, et oppose alors une grande résistance aux instruments. L'argile s'empare des sels ammoniacaux et les retient à l'état de combinaison ; il faut donc qu'un champ argileux soit saturé d'ammoniaque pour qu'il en laisse absorber aux plantes qu'il nourrit. L'argile laisse difficilement filtrer l'eau ; son rôle important en culture est presque mécanique, puisqu'elle ne cède rien de ses éléments ; les terrains trop argileux se divisent mal et se travaillent difficilement.

Le CALCAIRE ou carbonate de chaux donne un caractère particulier aux terrains qui en renferment une certaine proportion. Appliqué aux terres siliceuses, il leur donne de la consistance ; mêlé aux terres argileuses, il leur communique la propriété de se déliter sous l'influence des variations de température, et de se diviser par l'action de l'humidité ; il les rend plus perméables à l'eau et prévient leur durcissement pendant les sécheresses. La terre calcaire pure constitue un terrain *froid* à cause de sa couleur blanche. Ce terrain retient une grande quantité d'eau, et, quand il est mouillé, il se change en une bouillie qui n'offre aucun

appui aux plantes ; dans l'état humide, s'il survient une gelée, il se soulève, et, au dégel, il retombe sur lui-même en
déchaussant les racines ; il se sèche lentement. Quand il est
sec, il laisse trop facilement pénétrer l'air jusqu'aux racines ; il devient pulvérulent et ne leur offre pas non plus
un appui suffisant, mais son peu de ténacité le rend très
facile à cultiver.

La MARNE est un mélange intime d'argile et de carbonate
de chaux. On l'emploie pour ajouter le principe calcaire
aux terrains qui en manquent.

Le PLATRE ne constitue pas à lui seul des terrains agricoles, mais il est un des éléments indispensables du sol
des prairies.

La POTASSE, la SOUDE et les PHOSPHATES alcalins ou terreux
se trouvent en petite quantité dans les terres fertiles. Ces
principes ne sont pas moins nécessaires que l'ammoniaque
et l'acide carbonique de l'air à la végétation de la plupart
des plantes.

Les NITRATES exercent une grande et salutaire influence ;
ils agissent, comme l'ammoniaque, par l'azote qu'ils renferment.

Pendant longtemps on n'a considéré la présence de l'AZOTE
dans les végétaux que comme une exception ; on faisait de ce
gaz l'attribut spécial du règne animal ; on désignait sous
le nom de substances animalisées les substances végétales,
telles que le *gluten*, où l'analyse le faisait découvrir. Cependant on vit que la plupart des semences, les jeunes pousses
et un grand nombre d'organes des plantes renfermaient
une grande quantité de ce principe, si mal à propos
nommé « azote » (impropre à la vie), et l'on fut amené à
reconnaitre que cet azote est une partie constituante des
végétaux, que c'est par leurs racines que les végétaux le
puisent dans le sol et que certaines plantes sont peut-être
même aptes à s'approprier l'azote contenu dans l'atmosphère ou dans l'eau aérée qu'elles absorbent.

L'AMMONIAQUE et les nitrates sont les véhicules de l'azote
fixé par les plantes. La dose si minime d'ammoniaque de
l'air devient immense par le volume de l'atmosphère où
elle est répandue. La neige et les pluies en renferment ;
enfin les engrais végétaux et animaux en sont une source
inépuisable

Sous forme de NITRATE l'azote se trouve aussi abondam-
ment dans les terres ; ces sels sont produits par les réac-

tions qui s'opèrent au sein de la terre; l'acide nitrique se forme d'ailleurs de toutes pièces pendant les orages aux dépens des éléments de l'atmosphère.

Le TERREAU ou *humu* est cette substance brune ou noirâtre qui est mêlée aux principes minéraux du sol. C'est la partie ligneuse des plantes altérées par la fermentation, par l'action de l'atmosphère et par celle des corps environnants. En fermentant, le terreau perd une partie de son carbone, qui se transforme en gaz carbonique, mais il perd encore plus d'oxygène et d'hydrogène, de sorte qu'il tend à conserver plus de carbone que d'oxygène et d'hydrogène, et que, si l'action se prolonge, il ne reste plus que du carbone insoluble. Pendant cette fermentation, outre l'acide carbonique, il se forme encore de l'acide acétique, et une portion du terreau devient soluble dans l'eau.

Le terreau fournit aux plantes de l'azote et de l'acide carbonique, il condense les gaz de l'atmosphère et les restitue suivant les circonstances; mais il ne faut pas qu'il soit trop abondant. Les terrains qui en contiennent un quart de leur poids sont généralement peu fertiles, parce qu'il se forme à leur surface une atmosphère surabondante d'acide carbonique.

II. POINT DE VUE PRATIQUE.

Telles sont, en quelques mots, les données que l'analyse chimique nous fournit sur la nature et sur le mode d'action des terrains. Les agriculteurs classent simplement les sols suivant leur fertilité et suivant le genre de culture plus ou moins avantageuse qu'il sont aptes à recevoir. Dans la pratique, on a adopté deux grandes divisions principales : les *terres fortes* et les *terres légères*. Tout terrain appartient en tout ou en partie à l'une ou à l'autre de ces divisions.

Dans les terres fortes domine l'argile; dans les terres légères, le sable. Les premières sont tenaces, peu perméables, d'une dessiccation lente; les secondes sont meubles, elles se dessèchent promptement et sont travaillées avec moins d'efforts. Le terreau ajoute toujours aux qualités de ces deux terres, douées de propriétés aussi opposées; mais son utilité se remarque surtout dans les sols argileux dont il affaiblit l'extrême ténacité.

Les terres fortes ont les avantages et les inconvénients

de l'argile, elles absorbent beaucoup d'humidité, elles résistent à la sécheresse, elles retiennent avec énergie l'eau indispensable à l'existence des plantes. Le terreau qu'elles contiennent ou les engrais qu'on y répand dans le cours de la culture, s'y conservent longtemps et y sont préservés de l'action trop énergique des agents de l'atmosphère; leur pouvoir fertilisant est rarement interrompu par une trop forte dessiccation; cependant, après des pluies trop abondantes et trop fréquentes, les terres argileuses deviennent démesurément humides; souvent même elles se délayent complétement. Une dessiccation trop prolongée les durcit au point que les racines ne peuvent plus les pénétrer; le sol se gerce, se fendille profondément, et les racines périssent faute d'être suffisamment abritées.

Les terres légères accumulent rarement un excès d'humidité; aussi craignent-elles la sécheresse. Les cultures y sont infiniment plus faciles et moins coûteuses; la végétation y est plus hâtive, mais l'engrais moins profitable que dans les sols argileux, parce que les eaux pluviales le dissolvent et l'entraînent.

Les défauts de ces deux espèces de terrains sont de nature à se compenser, à se neutraliser, et c'est du mélange de ces sols extrêmes que résultent les terres les plus favorables à la culture.

III. SOUS-SOL.

Le *sous-sol* est la couche sur laquelle repose la terre végétale. Il importe de l'examiner, car les qualités et par conséquent la valeur du terrain en culture ont toujours une certaine relation avec la nature et les propriétés de cette couche sous-jacente. Une terre forte, tenace par excès d'argile, perd une partie des inconvénients qui résultent de cette constitution, si elle est supportée par une couche sablonneuse. Un sol léger meuble aura une plus grande valeur s'il repose sur un fond plus dense et capable de retenir l'humidité.

On remédie aux défauts du sous-sol au moyen du drainage.

Par des labours profonds, exécutés avec prudence, on peut augmenter l'épaisseur de la terre arable aux dépens du sous-sol; quand les engrais sont abondants, l'opération

marche avec assez de rapidité, il est cependant avéré que
par l'introduction d'une certaine quantité de la bouche inférieure le terrain perd momentanément de sa fertilité.
Dans les conditions ordinaires, il se passe quelquefois plusieurs années avant que l'amélioration devienne sensible.
Il peut être nécessaire cependant, dans les régions où la
couche végétale est trop peu épaisse, d'emprunter de temps
en temps quelque chose au sous-sol.

AMENDEMENTS ET ENGRAIS

I. ALIMENTATION DES PLANTES.

Le sol n'est pas seulement un point d'appui pour la
plante, c'est le réservoir commun où elle puise la plupart
des principes nécessaires à son existence.

On sait déjà par les *Éléments de Botanique* de la *Bibliothèque Ph lippart* comment vivent les végétaux ; nous n'in-
sisterons pas sur les notions de physiologie végétale expo-
sées dans ce volume. Il suffit de rappeler ici que la plante
absorbe par ses vaisseaux les substances solubles du sol,
dissoutes dans l'eau des pluies, qu'elle transforme ces substances en un liquide nourricier qui est la séve, et que la
séve, circulant dans les diverses parties de l'organisme végétal, y subit un grand nombre de modifications, d'où résultent l'accroissement de l'individu et la production d'une
variété infinie d'espèces chimiques. L'atmosphère ajoute
son action à celle du sol ; la plante respire en dédoublant
l'acide carbonique de l'air ; elle fixe le carbone et dégage
l'oxygène, c'est du moins ce qui se passe dans la plus
grande généralité des cas.

Quelles sont les substances solubles qui concourent à la
vie des plantes ? On sait qu'elles ne sont pas toutes également nécessaires à tel ou tel végétal ; mais, en général, ce
sont celles que nous avons distinguées tout à l'heure en
étudiant les éléments des terrains agricoles. L'acide carbonique dans l'air et l'azote dans le sol sont surtout indis-
sables.

L'air contient toujours de l'acide carbonique, mais les
sols ne contiennent pas tous en égale proportion l'azote, la
potasse et tel ou tel principe alimentaire. D'ailleurs, les
plus riches terrains s'épuisent et deviennent en quelques

années infertiles; c'est par les amendements et par les engrais qu'on les rend propres à fournir toujours d'abondantes récoltes.

II. FUMIERS.

Ce n'est que par un choix judicieux qu'on peut pourvoir aux besoins très différents des terres, leur donner les éléments de nutrition qui leur manquent et compléter ceux qu'elles possèdent en quantité insuffisante. Jusqu'à nos jours on a agi un peu au hasard, ou plutôt l'emploi des fumiers, qui eux-mêmes contiennent la plupart des éléments de la végétation, a suppléé à l'intelligence du cultivateur. En employant à doses inconnues un pareil mélange, on pouvait espérer que la substance réclamée par la terre s'y rencontrerait. C'est ainsi que l'ancienne matière médicale entassait une foule de médicaments divers dans la thériaque, espérant qu'il s'en trouverait un qui conviendrait à la maladie, et que les organes malades sauraient bien y choisir. Aujourd'hui il y a quelque chose de plus à faire : c'est d'ajouter à ces fumiers eux-mêmes les éléments dont ils manquent; c'est d'y rétablir les proportions en rapport avec les besoins des terres que l'on traite; c'est enfin, dans bien des cas, de profiter d'une foule de corps qui présentent isolément un ou plusieurs de ces éléments que la pratique dédaigne, faute d'en connaître les propriétés et qui peuvent lui être d'un grand secours.

Les fumiers d'étable se composent de la *litière* et des déjections des animaux; ils sont d'autant plus actifs qu'ils renferment plus d'azote, et ils sont d'autant plus azotés que la quantité des excrétions animales y est plus considérable. Si l'on voulait toujours obtenir le meilleur fumier, on ne devrait employer que le *minimum* de litière; mais cette économie doit s'arrêter au point où les litières ne suffiraient pas pour absorber complétement les urines qu'on laisserait perdre dans les rigoles des étables; car on se priverait alors de la partie la plus riche de l'engrais, à moins qu'on ne recueillît ces urines à part dans des réservoirs particuliers.

Pour le cheval, la quantité de litière sèche doit être à peu près égale au poids du fourrage consommé. Les bêtes bovines en exigent davantage et les porcs plus encore, à cause de la grande liquidité de leurs excréments. Quant aux moutons, leurs crottins sont ordinairement secs, et ce n'est que pour recueillir leurs urines qu'on leur fournit de la litière.

Le fumier retiré des étables doit être mis en tas, à l'abri de la pluie, qui le laverait et lui retirerait sa valeur. L'aire de la place à fumier sera légèrement concave vers son centre, mais avec une faible inclinaison. Au centre, on pratiquera un puisard maçonné de 1 mètre de profondeur, garni, à son ouverture, d'un grillage en bois. C'est là que se rendront les eaux qui filtrent du fumier. En outre, on y amènera à volonté, par un conduit couvert, l'eau d'un puits ou d'un ruisseau, afin de ne manquer en aucun temps du liquide nécessaire pour arroser le fumier. Aussi souvent qu'on verra le tas s'échauffer, on fera jouer une pompe pour l'arroser à la surface.

La fermentation s'établit dans le tas de fumier ainsi formé; il s'échauffe, les parties aqueuses s'évaporent, et des gaz de plusieurs espèces se dégagent; son volume diminue sensiblement, les matières tendent de plus en plus par leur décomposition à se convertir en une masse homogène.

Un fumier d'écurie, sans excès de paille, produit par des chevaux nourris au foin et à l'avoine contient, au moment où la fermentation commence, 60 pour 100 d'eau, 30 de matière organique et 10 de matière inorganique. Desséché, il renferme, comme la plupart des fumiers, 2 pour 100 d'azote.

Le fumier, en fermentant, perd une forte proportion d'azote qui se dégage à l'état d'ammoniaque : on conseille, pour éviter cette séparation d'un précieux élément, de mêler à la masse en décomposition des sulfates qui se dédoublent et retiennent l'ammoniaque. Le sulfate de fer dissous dans l'eau est utilement employé à cet usage.

III. ENGRAIS AZOTÉS

L'ENGRAIS LIQUIDE, employé surtout en Allemagne et en Suisse, est formé de la totalité des déjections animales que l'on pousse dans une citerne. L'étable, dans ces pays, est pavée de madriers avec une assez forte pente de l'avant à l'arrière. Immédiatement derrière les animaux se trouve une rigole de **3** décimètres de largeur sur **2** de profondeur, laquelle aboutit à cinq citernes d'une dimension calculée pour recevoir chacune le produit d'une semaine.

La rigole se ferme, à son extrémité, par une vanne en bois. L'urine coule naturellement dans la rigole, et on y fait tomber tous les excréments avec un balai ; alors on la remplit d'eau, on agite les matières pour les délayer, on ouvre la vanne et l'on fait écouler tout le liquide dans la citerne. Quand la fermentation s'annonce par des bulles à la surface du liquide on y jette du sulfate de fer pour fixer les gaz ammoniacaux ; souvent on remplace ce sel par de l'eau sulfurique. A la fin du mois, la quatrième citerne étant pleine, on vide la première ; au moyen d'une pompe on remplit du liquide qu'elle contient des tonneaux posés sur des chars, et on répand le liquide sur les champs ou sur les plantes en végétation. On procède successivement de même, et de semaine en semaine, pour tous les autres.

On conçoit que la vertu de cet engrais est en rapport direct avec la quantité d'urines et d'excréments qu'on y a mélangée. On n'a pas encore dosé l'azote qu'il renferme ; mais on en vante beaucoup les bons effets.

Les principaux avantages de l'engrais liquide sont de présenter aux plantes une nourriture toute préparée qui a des effets immédiats, d'utiliser la force du fumier à toutes les époques de l'année, et enfin de dispenser de la litière dans les pays où la paille est rare et où on veut la réserver pour a nourriture des animaux.

L'ENGRAIS FLAMAND est un mélange d'urine et d'excréments humains conservé dans des citernes voûtées construites au-dessous du niveau du sol. Pour être d'un bon emploi, l'engrais doit avoir fermenté pendant quelques mois. Il contient environ 20 pour 100 d'azote.

La POUDRETTE contient 12 pour 100 d'azote. Elle donne une grande activité à la végétation, mais ses propriétés s'épuisent très-rapidement.

Les EXCRÉMENTS de moutons renferment, à l'état sec, à peu près 3 pour 100 d'azote. Ce sont les seules déjections d'animaux qu'on emploie sans les convertir en fumier ; on les transporte rarement, et d'ordinaire on fume les champs en y faisant parquer un troupeau.

Le GUANO, découvert aux îles Chincha sur les côtes du Pérou, se trouve maintenant dans beaucoup de points du globe. C'est un engrais puissant, qui d'ailleurs comme on sait, a une origine animale et contient environ 14 pour 100 de phosphate et 6 à 7 pour 100 de sels alcalins.

La COLOMBINE est une sorte de guano produit par les pigeons.

Tous les DÉBRIS D'ANIMAUX forment d'excellents engrais : on emploie, suivant les localités, la chair musculaire desséchée et pulvérisée; les poissons putréfiés, le sang des abattoirs, les os, le noir animal, le suint, les chiffons, etc.; ces matières sont plus azotées que les fumiers de ferme.

L'ENFOUISSEMENT des végétaux est aussi une bonne pratique. Les substances végétales, quoique surtout très riches en carbone, recèlent cependant une quantité d'azote assez grande pour expliquer les bons résultats qu'on obtient des engrais verts ou des récoltes enterrées. On emploie les végétaux transportés de la place où ils ont crû, sur la place que l'on veut améliorer; ou bien on les fait croître sur la place même à améliorer, et on les y enterre; ou bien encore on les soumet à la fermentation avant de les enfouir.

Ce n'est que dans des circonstances spéciales que l'on doit faire usage des engrais verts. Il sera préférable, dans le plus grand nombre des cas, de cultiver des plantes qui puissent servir à la nourriture des animaux, puisque ceux-ci restituent à la terre une grande partie des éléments qui servent à leur nourriture, et créent avec l'autre partie un produit animal d'une plus grande valeur.

Les MARCS, les TOURTEAUX et les PULPES ont des propriétés améliorantes, mais ne valent pas mieux que le fumier.

Plusieurs SUBSTANCES ANIMALES sont mélangées de matières azotées qui les rendent propres à être employées comme engrais; telles sont les terres salpêtrées des caves, des bergeries, des cimetières, des abattoirs; celles qui se salpêtrent naturellement à l'air; enfin toutes celles qui ont reçu accidentellement des excrétions et des émanations animales.

Enfin les sels azotés eux-mêmes, les produits chimiques, renfermant de l'azote, ont été soumis à l'expérimentation agricole et ont donné de bons résultats : tels sont les nitrates de potasse, de soude, les sels ammoniacaux, etc.

IV. ENGRAIS MINÉRALISATEURS. AMENDEMENTS.

Les ALCALIS minéraux, la soude et la potasse, sont au nom-

bre des éléments qui constituent la plante. Il faut donc
qu'un terrain agricole en renferme une certaine proportion. Quand on a affaire à un champ dont les alcalis ont
été épuisés, on le saupoudre ordinairement avec des cendres qui lui rendent toute sa fertilité.

L'ÉCOBUAGE, qui consiste dans la combustion des herbes
ou des chaumes, a pour effet de déposer des cendres sur le
sol et de lui restituer des alcalis.

Le PLATRE, qui doit aussi se rencontrer dans une bonne
terre, produit d'excellents effets sur les prairies. C'est encore un des meilleurs amendements des terrains consacrés
au chanvre.

La MARNE sert comme amendement par le calcaire qu'elle
renferme.

Les PHOSPHATES ne sont pas moins nécessaires que les
alcalis au développement des plantes. On les trouve sous
la forme la plus commode et au prix le moins élevé dans
le *noir animal* ou charbon d'os. Il faut préférer, quand
on le peut, le *noir animal*, qui est du noir d'os ayant servi
à la clarification du sucre et renfermant, outre les éléments inorganiques, une forte proportion de sang et de
matière putrescible.

LES ASSOLEMENTS
ROTATION DES CULTURES.

Lorsqu'on fait une suite de récoltes dans un même terrain sans renouveler les engrais, on remarque que les produits récoltés diminuent graduellement. À une certaine
époque, si c'est une céréale qu'on cultive, le produit qui,
dans le principe, était de huit à neuf fois la semence, se
réduira à trois et même à deux. Ainsi les récoltes diminuent la fertilité du sol ; elles l'épuisent.

On reconnaît, d'ailleurs, que les diverses espèces de
plantes exercent une action épuisante très différente, et
les agronomes admettent même que, loin d'épuiser le sol,
certaines espèces, comme le trèfle, la luzerne, etc., lui
communiquent une nouvelle vigueur.

Ces faits ont servi de base à la pratique des *assolements*.
Voyons en peu de mots en quoi elle consiste et comment
l'agriculture a été conduite à l'adopter.

Quand les terres étaient étendues et les populations éparses, un champ produisait des céréales, et après la récolte, on le laissait reposer. Il était rendu à la prairie pour de longues années et redevenait fertile, sans engrais, par l'effet de la *jachère* ; mais, quand l'accroissement de la population eut donné aux terres une plus grande valeur, on demanda au sol une plus grande quantité de produits. On chercha à faire revenir fréquemment les céréales sur les mêmes sols, sans être pourtant obligé de faire des dépenses considérables en engrais. L'art fit alors ses premiers pas dans la voie du perfectionnement.

C'est de cette époque que date l'assolement *triennal*, système très-anciennement adopté dans le nord de l'Europe. Il consiste en deux années de céréales, suivies d'une jachère morte avec plusieurs labours pendant l'été. La jachère reçoit l'engrais nécessaire pour réparer l'épuisement occasionné par les deux récoltes de grains; aussi faut-il, lorsqu'on adopte cet assolement, avoir une surface suffisante de prairies, destinées à l'alimentation du bétail, qui doit fournir le supplément d'engrais.

On a toujours considéré comme un grave inconvénient de l'assollement triennal la condition de laisser inculte le tiers de la surface du sol. On a cherché, de nos jours, à supprimer la jachère ; on était encouragé dans cette tentative par l'exemple de la culture continuellement productive des jardins.

On allongea donc la période de rotation des cultures et l'on y introduisit une plante fourragère, le trèfle, dont on enfouit la dernière coupe, et dont les propriétés améliorantes seront plus tard l'objet de quelques détails. Un savant agronome, M. Boussingault, recommande le système suivant de rotation qu'il a mis en pratique dans son domaine de Bechelbronn, en Alsace :

1re année. Pommes de terre ou betteraves fumées.
2e — Froment semé en automne de la première année; Trèfle intercalé au printemps.
3e — Trèfle, deux coupes; enfouissage de la deuxième coupe.
4e — Froment sur trèfle rompu; récolte dérobée de navets.
5e — Avoine.

La cinquième année, la fumure est épuisée; mais on n'a fumé qu'une fois en cinq ans, et le sol n'est jamais resté improductif, ce qui est le but d'un système rationnel d'assolement.

On peut varier à l'infini les assolements, suivant la nature des plantes et suivant les climats. Le principe fondamental est de ne pas cultiver coup sur coup la même plante sur le même terrain qui, bientôt épuisé, cesserait de produire, ou exigerait une énorme dépense en engrais. On fait succéder l'une à l'autre des cultures qui ont des besoins différents.

LES TRAVAUX AGRICOLES

I. FORCES MOTRICES.

Nous n'avons pas à faire ici un traité, ni même un abrégé de mécanique agricole. Avant d'étudier les divers engins employés dans la culture, il nous faut cependant dire un mot des forces motrices qu'on leur applique.

Nous ne dirons rien du vent ni des cours d'eau qu'on emploie très rarement dans les travaux agricoles. Pour une raison contraire, le travail de l'homme, que tout le monde est en état d'apprécier, n'a pas besoin d'une étude spéciale; une telle discussion nous conduirait, d'ailleurs, à de trop grands développements. Il nous suffira de rappeler quelques notions sommaires sur l'emploi des animaux et de la machine à vapeur qu'on doit chercher à substituer, le plus possible, à l'homme dans les travaux qui n'exigent qu'un grand déploiement de forces.

Le CHEVAL est le premier auxiliaire du cultivateur; on l'emploie surtout aux transports; on l'attèle à la charrue et aux machines agricoles; mais on n'en retire que du travail et du fumier. Malgré les efforts des zélés propagateurs de l'hippophagie, le temps est loin où l'on fera entrer la chair du cheval dans l'alimentation publique. Le *mulet* et l'âne ont des qualités spéciales qu'il est inutile d'énumérer.

Le BŒUF donne du travail, de l'engrais et de la chair; il a de grandes qualités comme animal de trait; il travaille d'une manière continue, égale; il prolonge ses efforts autant que dure la résistance, mais il n'est pas, comme le cheval, capable d'un déploiement instantané d'énergie. Un bœuf fait les trois quarts ou même les quatre cinquièmes du travail d'un cheval. Sa lenteur et sa force le rendent éminemment propre aux travaux durs et pénibles du labour. Il supporte la fatigue et la chaleur plus facilement que le cheval; et l'on peut l'engraisser pour la boucherie, après qu'on en a tiré une certaine somme de travail.

Le VACHE peut être utilement employée aux travaux des champs. Olivier de Serres s'est élevé dans son *Théâtre d'Agriculture* contre l'habitude qu'on a de la laisser dans l'inaction. « Nous voyons, dit Gasparin, de pauvres gens, possédant une ou plusieurs vaches, ne savoir pas user d'une force qui est mise presque gratuitement à leur disposition, et se croire obligés d'avoir des animaux de trait, qui leur coûtent cher en nourriture et en entretien, ou se condamner à faire, avec leurs propres bras, un travail qu'ils pourraient obtenir de leurs animaux de rente. »

L'expérience a prononcé depuis longtemps. Quand on fait travailler une vache quatre ou cinq heures par jour, la perte sur la quantité du lait n'est que d'un quart; un travail plus long entraîne une plus grande perte, mais quelques jours de repos rétablissent la sécrétion du lait dans son état ordinaire. On a même remarqué que quand on les nourrit à discrétion de trèfle vert, les vaches attelées en consomment une plus grande quantité que, quand on les tient à l'étable, mais il n'y a pas la moindre diminution dans la quantité de lait qu'elles fournissent.

La force d'une vache est à celle d'un bœuf, de même race, comme 2 est à 3.

II. OUTILS, INSTRUMENTS ET MACHINES.

Il nous reste à dire un mot de la vapeur dans son application aux travaux de l'agriculture.

Le LOCOMOBILE est la machine à vapeur agricole. C'est, comme son nom l'indique, une machine susceptible d'être changée de place à volonté et appliquée à une foule d'opérations diverses. Destinée à ne fonctionner que par intervalles et à être mise en œuvre par des personnes peu familiarisées avec la science de la mécanique, sa construction a dû être de la plus grande simplicité; elle se réduit à un cylindre dans lequel le piston est mis en mouvement par la vapeur que lui fournit une chaudière; au moyen d'une tige et d'une manivelle, le piston de ce cylindre imprime un mouvement rotatoire à un arbre horizontal placé en travers du locomobile et cet arbre fait tourner une large roue, un volant qui s'y trouve fixé. Une courroie qui s'enroule

autour de ce volant, et qu'on adapte à la machine agricole
qu'on veut faire travailler, opère la battage des grains s'il
s'agit de machine à battre, fait manœuvrer les pompes, s'il
s'agit de desséchement, fait mouvoir un treuil qui traîne la
charrue, etc., etc.

Les applications de la vapeur à l'agriculture se générali-
seront sans doute dans un temps peu éloigné et permet-
tront d'entretenir un moins grand nombre d'animaux de travail.

La principale machine agricole, tout le monde la connaît,
c'est la CHARRUE. Tout le monde ne sait peut-être pas cependant en combien de parties différentes elle consiste.
Sous son apparence rustique, c'est un instrument très per-
ectionné qui n'a pu être inventé du premier coup.

Les pièces essentielles de la charrue sont : le coutre, le
soc et le versoir. Chacune de ces pièces constitue un instrument spécial qu'on voit quelquefois fonctionner isolément.

Le COUTRE est destiné à couper la terre en bandes verti-
cales, par un travail continu. C'est un couteau de fer droit
ou recourbé, présentant sa tranche en avant; on le monte
sur des bâtis plus ou moins forts, suivant « l'entrure » qu'on
veut lui donner. Plusieurs coutres réunis forment un SCA-
RIFICATEUR. Le principe du coutre est celui de la HERSE et
du rateau, dont les dents ameublissent le terrain suivant
des lignes parallèles.

Le soc coupe la terre en tranches horizontales. C'est un
second couteau très large, disposé horizontalement dans un

sens perpendiculaire ou oblique à la marche de l'instrument. Combiné avec le coutre dans la charrue, il détache du sous-sol la bande de terre que le coutre a tranchée verticalement. Le soc s'emploie isolément et devient la RATISSOIRE A CHEVAL ; plusieurs socs réunis constituent un EXTIRPATEUR, instrument employé au sarclage des mauvaises herbes.

Le VERSOIR est l'outil élémentaire de tous les instruments qui doivent retourner sur elle-même une bande de terre ; il complète l'action du coutre et du soc en renversant la tranche qu'ils ont détachée. On sait combien il est important, pour entretenir la fertilité du sol, de ramener à la surface ses couches profondes et de les soumettre à l'influence des agents atmosphériques. Le versoir se combine ordinairement avec les outils tranchants de la charrue, cependant on peut l'employer seul pour butter des plantes en ligne, ou pour ouvrir un sillon dans un sol ameubli.

La théorie du versoir est une théorie mathématique ; il faut qu'il ait un certain degré de courbure, ni trop ni trop peu, pour que la terre ne retombe pas dans le sillon et soit régulièrement rejetée sur le côté. Les forgerons doivent suivre un bon modèle pour être bien certains de construire des versoirs réunissant toutes les conditions requises.

Nous avons les trois outils qui divisent, soulèvent et retournent la bande de terre, il ne reste plus qu'à les disposer sur un bâtis qui permette de leur appliquer l'effort des animaux.

La CHARRUE réalise toutes ces données. Il n'est pas utile, pensons-nous, de la décrire ; les figures qu'on a sous les yeux valent la meilleure description. On voit comment les outils sont disposés : le coutre en avant, le soc et le versoir en arrière. La pièce de bois sur laquelle ils sont attachés porte le nom d'age. En avant de l'age s'attèlent les chevaux. En arrière se trouvent un ou deux leviers, nommés mancherons, qui permettent au laboureur de relever le soc quand il tend à s'enfoncer, de l'enfoncer quand il tend à sortir, et d'appuyer à droite ou à gauche, suivant la résistance que rencontre la charrue.

C'est là le type de la charrue ordinairement employée. Mais il a fallu la perfectionner pour lui faire rendre son maximum d'effet utile avec la même dépense de force. On y a, par exemple, adapté un avant train monté sur deux roues pour régler l'entrure du soc, l'empêcher de pénétrer trop profondément ou de ressortir quand il rencontre un obstacle. Nous ne pouvons passer en revue toutes les additions utiles qui ont été apportées à l'instrument des labours; mais nous devons dire que les inventeurs ont toujours eu en vue de substituer de plus en plus la force des animaux à la force de l'homme et de lui rendre toute sa dignité en le constituant simple surveillant du jeu des machines. Les instruments perfectionnés donnent toujours les meilleurs résultats entre les mains des cultivateurs intelligents, qui en étudient les parties et qui veulent sérieusement apprendre à s'en servir. La routine leur est contraire, mais la routine n'a pour soutien que ceux qui aiment mieux faire œuvre de bras qu'œuvre d'intelligence.

Le sillon est ouvert par la charrue, il reste à ameublir la terre. Dans la petite culture on se sert de MASSES de bois pour écraser les mottes. Partout où l'on peut employer des animaux on fait usage du ROULEAU; on augmente beaucoup l'action de cet instrument en le garnissant de pointes.

Le SEMOIR dépose en terre, à distances égales, et recouvre uniformément les graines que le cultivateur ne pourrait semer à la volée avec autant de précision.

La FAUCILLE et la FAULX ont été pendant longtemps les seuls instruments employés à la récolte des foins ou des céréales. Les MACHINES A MOISSONNER, qui font plus de travail avec moins de fatigue pour l'homme, tendent à remplacer les engins de l'ancienne agriculture.

Le FLÉAU est aussi l'instrument le plus usité pour faire sortir les grains de l'épi et pour les séparer de la paille. Mais il est impossible de contempler le spectacle de ce pénible travail, longtemps continué sans être porté, par un sentiment d'humanité, à lui substituer un procédé qui délivre l'homme d'un tel assujétissement. Ce reste de pratiques barbares, qui considèrent l'homme comme une force brute, devait disparaître devant le progrès de la civilisation qui tend à relever notre espèce et devant ceux de la mécanique, qui en fournit les moyens. La MACHINE A BATTRE est adoptée maintenant par tous les hommes d'initiative et de progrès. Elle permet, d'ailleurs, de battre immédiatement après la moisson, c'est-à-dire à un moment où les bras sont rares, et où toute la population agricole est déjà fatiguée par les durs travaux de la récolte.

Le TARARE remplace également l'ancien van avec une économie de moitié sur le prix du travail effectué.

Nous regrettons de ne pouvoir décrire la construction de toutes les machines nouvelles, dont nous avons seulement indiqué les avantages. L'étude de leurs ingénieuses dispositions aurait prouvé, avec la dernière évidence, combien il est facile de substituer un travail mécanique, régulier, peu coûteux et d'un effet considérable au labeur inégal, dispendieux et si peu productif de l'homme.

III. DRAINAGE.

Le DRAINAGE est la plus importante des innovations qui, de nos jours, renouvellent la face de l'agriculture. Il convenait de réserver ce que nous avons à en dire pour un chapitre spécial, qui trouve sa place après les détails précédents sur la constitution des terrains et sur la nature des travaux agricoles.

Depuis une époque fort avancée on a senti la nécessité de dessécher certaines parties humides du sol pour les rendre propres à la culture. On a cherché d'abord à assainir les terrains bas, reposant sur un sous-sol argileux, et nécessairement négligés à cause de leur trop grande fraîcheur. On en est venu à dessécher des marécages.

Dans le principe, on ne savait dessécher qu'en creusant à ciel ouvert des canaux et des fossés, dans lesquels venait s'infiltrer le gros des eaux environnantes; mais cette méthode était bien insuffisante et bien imparfaite. On y apporta des perfectionnements, et les fossés, les canaux, au lieu d'être à ciel ouvert, furent remplis de cailloux et recouverts de terre; mais ce ne devait pas être là le dernier mot de la perfection.

Les Anglais ont, de nos jours, créé sous le nom de « drainage » (dérivé du verbe *drain*, sécher), un nouveau procédé de desséchement du sol. Les pierres dont on remplissait les canaux furent remplacées d'abord par des tuiles courbes, et enfin ces dernières par des tuyaux en terre cuite. Ces tuyaux, d'un usage général aujourd'hui, sont juxtaposés de manière à permettre à l'eau de s'introduire, par les joints, dans leur intérieur et d'y prendre son cours jusqu'à la décharge qui lui est ménagée.

On fait les tuyaux d'une longueur uniforme de 33 centimètres ; leur diamètre intérieur est d'environ 3 centim., il en est qui ont jusqu'à 8 centim. de diamètre intérieur,

mais ils ne sont employés que pour la construction des
collecteurs. On nomme ainsi des drains d'un plus grand
diamètre, établi dans les lignes de dépression d'un champ,
où vient déboucher l'eau des versants opposés du terrain,
et qui sont destinés à porter cette eau dans un fossé d'éva-
cuation ou canal de décharge.

Les drains doivent toujours être dirigés dans le sens de
la pente, qui ne saurait être moindre de 7 millimètres par
mètre; leur inclinaison peut être augmentée en raison de
leur diamètre, et portée jusqu'à 7 millimèt. L'écartement
qu'on doit leur donner varie, suivant les circonstances, de
5 à 20 mètres; ils doivent être placés depuis la profondeur
de 80 cent. jusqu'à celle de 1 mèt. 80 cent.

La première chose à faire dans l'opération du drainage
est de se rendre un compte exact des pentes du terrain et
des niveau de ses différentes parties afin d'espacer conve-
nablement les drains et d'évaluer le nombre de tuyaux à
employer. Après avoir tracé le plan du drainage sur le terrain, au moyens de cordeaux et de piquets, on procède à
l'ouverture des tranchées qui se font ordinairement à la
bêche. Notons que les ouvriers, afin de ne pas être gênés
par les eaux pluviales tombées pendant l'opération, ou par
celles des sources souterraines qu'ils peuvent rencontrer,
doivent toujours commencer l'ouverture des tranchées par
la partie la plus basse du terrain. Ils creusent d'abord, en
partant du bas, et dans toute son étendue, le canal de décharge, puis le collecteur, et enfin successivement chacune
des petites lignes de drains qui doivent s'y déverser.

C'est par la partie supérieure des tranchées que l'on
commence à poser les tuyaux, car, de cette façon, il est
toujours possible d'enlever, à l'aide de la drague, la boue
qui peut se former au fond, sans risquer de la faire entrer
dans les drains. Cette pose se fait au moyen d'une perche
munie d'une tige à angle droit; la pose à la main ne se fait
que dans de larges tranchées, lorsqu'il s'agit des gros drains
des collecteurs.

Une MACHINE A DRAINER a été construite en Angleterre;
elle réalise une économie de main d'œuvre considérable.
C'est une sorte de charrue sans versoir, qui porte un coutre
extrêmement puissant, sous l'action duquel la terre se fend
jusqu'à une grande profondeur. Le coutre se termine infé-
rieurement par un soc cylindro-conique qui forme, par sim-

ple pression, la cavité où les tuyaux viennent mécaniquement se déposer.

C'est là une des plus belles applications de la mécanique à l'agriculture.

La machine à drainer est mue par un locomobile.

En France, on évalue à 12 millions d'hectares, soit environ le quart de la surface totale du territoire les terres humides dont le drainage peut doubler le produit.

L'IRRIGATION est l'inverse du drainage. Les procédés sont trop simples pour qu'il soit nécessaire de les décrire. On a rarement besoin, d'ailleurs, d'y recourir pour les cultures de la zone tempérée; si ce n'est toutefois dans le midi de la France, où l'on en retire d'excellents résultats.

LES INFLUENCES MÉTÉOROLOGIQUES

I. ACTION CHIMIQUE DE LA LUMIÈRE.

« Les plantes vivent sur le sol et dans l'air, » disions-nous en commençant; nous avons étudié le sol, les aliments qu'il fournit à la plante et les moyens qu'on a d'accroître sa fertilité; voyons maintenant quel est le rôle des agents atmosphériques.

On sait comment les végétaux respirent : il faut insister ici sur les conditions physiques de cette fonction respiratoire.

C'est sous l'influence de la lumière que l'acide carbonique est absorbé par les plantes et dédoublé en ses deux éléments : le carbone et l'oxygène. Sous l'impression de la chaleur et sans le secours de la lumière, les plantes s'accroissent en étendue sans augmenter leur masse; elles ne font alors que transformer les principes qui existaient déjà dans leurs racines et dans leurs graines. C'est ce que l'on voit si l'on place des pommes de terre dans une cave chaude, mais obscure; les tiges blanches et molles qu'elles produisent alors n'ajoutent rien au poids primitif des tubercules. — Les germes qui n'ont qu'à élaborer les principes déjà renfermés dans la graine exigent l'obscurité pour le début de leur végétation. — Quand la lumière agit en même temps que la chaleur, le carbone de l'acide carbonique s'unit aux organes du végétal; il n'y a plus alors simple transformation de la matière végétale, mais addition à sa masse d'éléments nouveaux.

En l'absence de la lumière il n'y a pas de fructification, et pour cela il ne faut pas même que l'obscurité soit complète ; le plus grand nombre de plantes ne se contente pas de la lumière diffuse, et celles qui entrent dans nos cultures ne donnent pas de semences mûres sans la lumière directe du soleil ; elles en donnent d'autant moins qu'elles sont plus longtemps privées de cette influence des rayons lumineux.

II. INFLUENCE DU CALORIQUE

Les phénomènes de la végétation s'accomplissent toujours sous l'influence d'un certain degré de chaleur. S'ils exigent, en outre le concours de la lumière, de l'air, de l'humidité et de diverses substances inorganiques, il est néanmoins établi que ces agents ne contribuent au développement d'une plante qu'autant qu'ils sont favorisés par une température convenable, variable selon les différentes espèces végétales, et qui se trouve comprise entre des limites assez éloignées.

Dans l'état de stabilité auquel semble être arrivée actuellement la surface du globe, le soleil est considéré comme l'agent qui influe le plus directement sur la température de notre atmosphère. C'est de la longueur des jours et de la hauteur du soleil au-dessus de l'horizon que dépend la somme de chaleur dispensée aux végétaux.

Mais il faut observer que si l'on s'élève dans l'atmosphère, la température décroît avec rapidité. Les lieux situés dans les montagnes possèdent un climat d'autant plus rigoureux qu'ils sont à une plus grande hauteur.

III. REFROIDISSEMENT NOCTURNE. — ROSÉE — GELÉE BLANCHE

Pendant la nuit, lorsque l'atmosphère est calme et le ciel sans nuage, les plantes se refroidissent par le rayonnement et acquièrent bientôt une température inférieure à celle de l'air qui les environne. Dans ces circonstances, la vapeur d'eau contenue dans l'air se précipite et se condense en ROSÉE. Si le rayonnement est plus considérable, la température des plantes peut s'abaisser jusqu'à zéro et même descendre au-dessous de zéro. La rosée se congèle alors et devient le GIVRE OU GELÉE BLANCHE. C'est surtout au printemps ou en automne que les effets nuisibles du rayonnement sont le plus à craindre pour les plantes, parce que dans ces deux saisons un soleil relativement ardent succède au froid de la nuit et détruit les organes tendres des plantes qui n'ont pas le temps de se réchauffer graduellement.

Toutes les causes qui agitent l'air, qui troublent la transparence, qui masquent ou rétrécissent le champ du ciel visible, atténuent les effets du refroidissement nocturne. Un nuage, comme un abri, compense en tout ou en partie, selon la température propre, la perte de chaleur que la plante et le sol eussent éprouvée en rayonnant vers l'espace. La neige elle-même agit comme un écran et empêche, pendant l'hiver, le trop grand refroidissement du sol.

On attribue à tort à la lune d'avril une influence pernicieuse sur la végétation ; il n'y a de vrai qu'une simple coïncidence des phases de la *lune rousse* avec les circonstances météorologiques que nous venons d'analyser.

IV. CLIMATS ET RÉGIONS AGRICOLES.

L'ensemble de tous les phénomènes météorologiques constitue ce qu'on nomme un *climat*. Les climats différents déterminent les différentes *régions agricoles*.

Jettons les yeux sur une carte d'Europe et des pays avoisinants. Au sud-est et au sud, ce sont des arbres et des arbustes, l'olivier, le mûrier, la vigne, qui tiennent le premier rang parmi les produits du sol. Au nord-est et au nord on ne cultive plus que des plantes herbacées, jusqu'à ce que, plus au nord encore, on retrouve les forêts ou les végétaux ligneux, qu'on n'élève que pour leur bois. Du bas en haut des montagnes on retrouve aussi le même ordre : les végétaux arborescents cultivés pour leurs fruits, puis les cultures herbacées, enfin les forêts.

Il faut encore distinguer dans la première division deux grandes régions bien distinctes par le climat comme par le genre et les procédés de culture : 1° Celle où la culture de l'olivier est possible ; 2° celle où cette culture ne trouve plus assez de chaleur pendant l'été, et où le mûrier, la vigne, sont nécessairement préférés. La seconde division, où domine la culture des plantes herbacées, se distingue par deux traits principaux : dans une partie, la prédominance

de la culture des céréales; dans l'autre partie, la prédominance des herbages et des racines alimentaires.

Nous avons donc en Europe cinq régions agricoles qui
sont :

1° La région des oliviers ;
2° Celle des vignes ;
3° Celle des céréales ;
4° Celle des herbages ;
5° Celle des forêts.

Chacune de ces régions a des caractères propres qu'on ne
peut impunément méconnaître. Bien des mécomptes sont
dus à l'ignorance où l'on est des conditions d'un climat
agricole, car il faut commencer, en agriculture, par mettre
les saisons de son côté. Il n'y a pas d'ennemi avec lequel
on lutte plus désavantageusement que le climat.

IIe PARTIE. — CULTURE.

LES CÉRÉALES

I. FROMENTS

On donne le nom de *froment* aux espèces du genre *tri-
ticum*, qui se dépouillent de leurs balles à maturité. On
réserve le nom d'*epeautre* à celles qui ne s'en séparent
pas. Parmi les céréales, le froment est celle qui contient
le plus de matière nutritive et le plus de gluten et qui
fournit le pain le plus savoureux.

Les froments présentent un grand nombre de variétés
adoptées dans la culture, et chaque jour on en propose de
nouvelles. Le climat, le sol, leur impriment des caractères
spéciaux qui sont sujets à changer quand on les soumet à
d'autres influences. Les variétés provenant du Midi sont
plus sensibles au froid et ne peuvent être propagées sans
précaution dans le Nord ; les variétés les plus productives
dans un lieu ne le sont pas toujours dans un autre.

On peut partager les variétés connues en deux catégories:
1° celles à grains tendres, cédant sous la dent; 2° celles à
grains durs se cassant sous la dent. On les subdivise comme
il suit :

GRAINS TENDRES.

1° Touselles. — Epis sans barbes ou à barbes très-courtes et peu nombreuses; paille creuse; comprenant le blé d'hiver commun, le *blé de Hongrie*, la *richelle blanche de Naple*, le *blé d'Odessa* etc.

2° Seisette. — Epis barbus; paille creuse; comprenant le *blé barbu d'hiver*, le *blé barbu d' printemps*, etc.

3° Poulards. — Epis réguliers, carrés, barbus, paille pleine de moelle vers son sommet.

GRAINS DURS.

4° Aubaines. — Epis barbus; barbes longues et tordues, grains longs et glacés; comprenant la plupart des *blés d'Afrique et d'Egypte*, le *blé de Taganrog*, etc.

5° Blé de Pologne. — Epis allongés, balle très-allongée, grains longs et demi-transparents.

On sème le blé en automne ou au printemps, suivant les variétés. Les semis d'automne sont les plus productifs parce que la plante a pu s'enraciner avant les froids. Au renouvellement du printemps, la tige pousse alors avec plus de vigueur. Elle *talle* mieux, c'est-à-dire qu'elle se multiplie et se forme en touffe au lieu de rester unique. Les blés de printemps sont cependant précieux, parce qu'ils permettent, dans certaines circonstances, de travailler le sol pendant l'hiver; ils peuvent d'ailleurs remplacer les semis d'automne détruits par des froids rigoureux.

Le froment ne convient pas à toutes les terres; il doit trouver dans le sol ou dans les engrais un certain nombre d'éléments indispensables à sa végétation. Outre les principes azotés, il faut lui fournir de la chaux, de la magnésie, de la silice, du fer, des phosphates, des alcalis, etc.; de plus, il exige certaines qualités physiques du terrain; il craint les sols trop poreux sujets à s'affaisser, les sols trop peu consistants et trop pulvérisés.

La terre ne doit être ni trop ni trop peu humide. Il veut des terres qui, sans être noyées, lui conservent jusqu'à la fin un peu d'humidité; ce principe exclut, dans les régions pluvieuses, les glaises tenaces, les argiles, comme aussi, dans les pays secs, les terrains sablonneux ou trop fortement calcaires.

Les engrais trop faciles à décomposer tendent à augmenter le poids des parties herbacées de la plante dans une proportion plus forte que celle du grain. Les engrais riches en azote provoquent une plus forte production de gluten et augmentent par conséquent la valeur du produit.

On sème le blé à la volée ou en lignes. La culture en ligne rend le sarclage possible et donne les plus beaux produits.

Le blé suffisamment pourvu de sucs nutritifs *talle* du pied après avoir reçu une somme de chaleur moyenne *diurne* de 431°, à partir du moment où la température est parvenue à 5°. Il fleurit dans nos climats quand la température moyenne s'est élevée à 16°,3', ou quand la plante a reçu depuis sa rentrée en végétation la somme de 813° de chaleur moyenne. La maturité enfin arrive quand la plante a reçu 1600 à 1900° de chaleur moyenne sous l'influence de la lumière en ne comptant par conséquent que les heures de jour pour établir ce calcul.

Quant au rendement du froment, la moyenne qu'on doit chercher à atteindre est de 25 à 40 hectolitres par hectare. Cependant la culture française est loin de les obtenir, car en France le rendement général moyen est d'un peu plus de 11 hectolitres (de 11 à 12). Cela indique qu'on cultive mal, sans fumier, et sur des terrains qui ne se prêtent pas au blé. En Angleterre, le rendement moyen par hectare est de 30 hectolitres.

L'hectolitre de bon grain doit peser 80 kilogrammes environ et répondre à une quantité de 120 ou 125 kil. de paille.

II. ÉPEAUTRES.

Les épeautres sont loin d'avoir les qualités nutritives du froment. Leur plus grand mérite est de prospérer dans de mauvais sols, là où les froments ne viendraient pas. On en distingue deux espèces : le *grand* et le *petit épeautre*.

M. Vilmorin regarde l'épeautre comme étant de tous les froments celui qui talle le plus, et dit que, si l'on avait une espèce à cultiver pour fourrage, ce serait celle-ci qu'il faudrait choisir.

La culture du grand épeautre s'est concentrée en Allemagne. C'est là proprement la patrie d'adoption de cette plante, qu'on trouve rarement ailleurs.

Sa culture est la même que celle du blé.

Le petit épeautre est si peu productif, en comparaison des autres céréales, que probablement on ne le cultiverait nulle part, s'il n'avait la faculté de croître dans les sols les plus mauvais, dans ceux où on ne pourrait récolter ni seigle ni avoine, et s'il ne fournissait pas le meilleur et le plus fin de tous les gruaux.

Cette plante a une végétation très-longue. On la sème en septembre ou au commencement d'octobre pour ne la récolter qu'à la fin de juillet et au commencement d'août, dans les pays où les moissons du froment se font à la fin de juin.

III. SEIGLE.

Le seigle est rustique. Il croît sur un sol pauvre, et ne craint pas son aridité; il résiste aux mauvaises herbes et les domine; il mûrit de bonne heure, avant l'époque de la dessiccation complète du terrain ou celle de la décroissance trop rapide de la température; il peut donc occuper des terrains où le froment le plus tardif n'accomplirait pas les dernières phases de sa végétation. Il donne un produit plus sûr, moins variable que les autres céréales, et par toutes ces causes il est devenu la base de la culture de plusieurs grandes contrées.

La variété la plus communément cultivée est le *seigle d'hiver*. Une autre variété, qu'on nomme *seigle de la Saint-Pierre*, se sème au mois de juin, donne une récolte de fourrage en automne et une récolte de grains l'été suivant.

Le seigle d'hiver doit se semer autour de Paris vers la fin de septembre pour qu'il ait le temps de s'enraciner avant les gelées profondes. Il ne faut pas cependant qu'il pousse ses tiges avant les grands froids. Il craint la trop grande humidité.

Le seigle mûrit quelque temps avant le froment; mais on doit attendre qu'il soit complétement mûr pour le couper. Son rendement moyen est de 25 à 30 hectolitres par hectare.

L'usage du seigle tend à se restreindre de plus en plus dans la consommation de la France. Les populations qui

s'en nourrissaient le délaissent pour le froment. On le voit
disparaître peu à peu des marchés. Le fait de l'introduction d'une denrée plus chère dans le régime des ouvriers
coïncide nécessairement avec l'élévation de leur salaire et
l'accroissement de leur aisance; mais il résulte aussi de là
que beaucoup de terrains qui ne sont propres qu'à la
production du seigle sont emblavés en froment, et qu'au
lieu d'avoir une bonne récolte du premier grain on n'a
plus qu'une récolte incertaine du second. Si le seigle ne
doit plus être la base de la nourriture de l'homme, il peut
devenir très-utile dans l'alimentation des animaux. Cultivé
pour leur usage, il utiliserait les terres qui lui conviennent particulièrement, restreindrait la culture de l'avoine
sur les bonnes terres et économiserait les fourrages.

IV. ORGE.

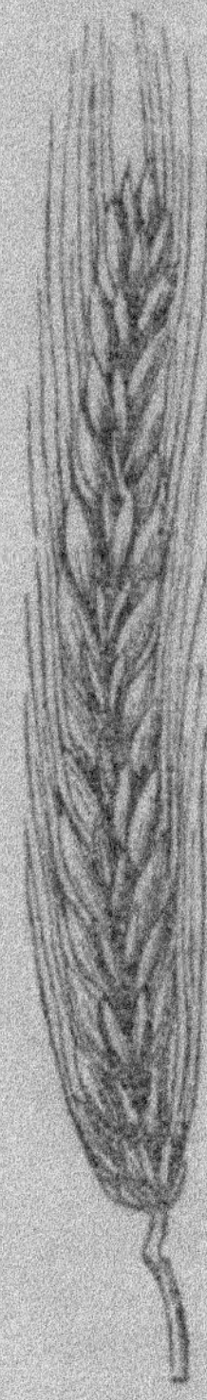

L'orge est la céréale qui résiste le mieux au froid
et dont la culture remonte le plus au nord ou s'é-
lève le plus haut dans les pays de montagnes. On
la cultive en Suisse à 1,950 m. de latitude ; mais
sa précocité naturelle la rend propre aussi aux
pays chauds. On la retrouve en Égypte et en Arabie.

Cette céréale est d'un grand secours dans le
Nord où on l'emploie particulièrement à la fabrication de la bière.

Dans le midi et dans le nord de l'Afrique l'orge
sert à la nourriture des chevaux, pour lesquels
l'avoine serait un trop actif stimulant; on s'en
sert aussi pour engraisser les bœufs, les porcs, les
moutons, la volaille. Dans certaines contrées pauvres on en fait même un pain grossier à l'usage
des habitants.

On distingue les espèces à graines sur *six rangs*
et celles à graines sur *deux rangs*. Ces dénomina-
tions rappellent l'agencement des graines sur l'épi.

Parmi les espèces à six rangs, l'*escourgeon* demande, comme le froment, un sol riche et consis-
tant. Il ne verse pas, ce qui fait qu'on le préfère
au froment dans les sols très-féconds; il faut le
semer de très-bonne heure pour qu'il puisse résis-
ter à l'hiver (de juin en août). L'*orge commune* ne
passe pas l'hiver dans nos climats; elle veut être

semée au printemps, et elle peut l'être assez tard, car c'est la plus hâtive de toutes les orges. Elle est très-cultivée en Allemagne et dans le nord de l'Europe ; elle est très avide d'engrais et talle beaucoup.

Parmi les orges à deux rangs, on cultive, en France, l'*orge carrée*, qui réussit dans des terrains médiocres et froids ; l'*orge paumelle*, qui supporte bien les froids printanniers et dont le grain est recherché des brasseurs, mais qui veut une terre meuble et riche, et qui l'épuise rapidement pendant les trois mois qu'elle met à mûrir ; enfin l'*orge café*, dont la paille est cassante. La *paumelle*, par sa rapidité de sa végétation et sa maturation précoce, est le seul grain de printemps qu'on puisse semer dans les contrées méridionales. Dans ces pays, elle sert à utiliser les terrains dans lesquels on n'a pu effectuer les semis d'automne ou ceux sur lesquels l'hiver les aurait détruits. On la sème avec les prairies artificielles, et elle procure ainsi une récolte dans la première année de leur existence.

La rapidité de végétation de l'orge indique assez que les fumiers frais lui conviennent peu, et que l'engrais qu'on lui donne doit être dans un état de solubilité assez avancée ; elle réussit bien après le froment, mais le froment vient mal après l'orge sans un engrais nouveau.

La récolte moyenne est de 25 à 28 hectolitres par hectare, en Angleterre ; de 35 à 40 hectolitres, en Belgique.

V. AVOINE.

L'avoine a longtemps servi de nourriture aux populations du nord de l'Europe. Elle n'est plus employée aujourd'hui qu'à l'alimentation des animaux et particulièrement des chevaux.

Cette plante a une propriété agricole bien remarquable et bien précieuse, c'est de venir sur tous les sols, de braver la sécheresse, et de s'emparer par la vigueur de sa végétation des engrais les moins décomposés. Sur les défrichements remplis de matériaux ligneux, sur les fumiers récents et pailleux, le froment réussit mieux après l'avoine qu'en première récolte ; l'avoine supporte une préparation négligente de la terre ; elle vient sur un champ à peine remué et résiste parfaitement aux mauvaises herbes.

L'avoine commune, d'*hiver* ou de *printemps*, est la variété la plus communément cultivée. La variété de prin-

temps ne diffère de celle d'automne que par sa végétation plus rapide.

L'avoine malgé sa rusticité, demande des engrais alcalins et de la marne ou de la chaux dans les terrains qui manquent de l'élément calcaire. Elle craint les grands froids; aussi ne la cultive-t-on en semis d'automne que dans les contrées où l'on n'a pas à craindre que la température ne reste pendant longtemps inférieure à 12° au-dessous de 0. Dans les pays où la terre se couvre de neige assez tôt, on peut cependant encore semer dans cette saison. On emploie beaucoup de semences dans la culture du l'avoine, 4 hectolitres par hectare en moyenne. La moyenne récolte, dans la Flandre, où l'on cultive avec soin, est de 48 hectolitres, qui correspondent à 2,948 kilogr.; dans les pays de culture moins soigneuse, cette moyenne descend à 21 hectolitres par hectare.

VI. MÉTEIL.

On donne le nom de *méteil* à un mélange de plusieurs céréales qu'on sème et qu'on récolte ensemble. Le but qu'on se propose dans l'ensemencement du méteil est d'obtenir un meilleur produit d'un terrain qui semblerait ne pouvoir produire que le grain le plus inférieur du mélange.

Le mélange seigle et froment est celui qu'on fait pour les ensemencements d'automne; le mélange orge-, amelle et froment de printemps pour les ensemencements de printemps. Les cultures pour le méteil sont les mêmes que pour le seigle et pour l'orge, et l'époque des semis est celle qu'exige la plante qui nécessite le semis le plus précoce.

VII. MAÏS.

Le maïs joue dans les assolements du midi de la France le même rôle que jouent dans le nord les plantes sarclées, telles que la pomme de terre et la betterave. Nous n'en parlerons cependant pas longuement. Sa culture en grand n'est possible que dans le midi de la France ou dans l'Alsace. On en connaît plusieurs variétés à grains jaunes, rouges ou blancs, toutes originaires d'Amérique

Le maïs d'automne ne se recueille que dans l'arrière saison; le maïs *quarantain* est ainsi appelé à cause de sa rapide végétation qui, dans les conditions les plus favorables, ne s'accomplit cependant pas en moins de quatre-vingts jours.

La richesse du maïs en potasse indique que les engrais alcalins lui conviennent beaucoup. Il faut que les fumiers en soient imprégnés, surtout après les céréales ou les pommes de terre. On n'obtient de pleines récoltes que dans les terres richement fumées.

On sème en lignes espacées de 0 mèt. 85 cent.

On associe un certain nombre de plantes au maïs pour utiliser les espaces qui séparent les lignes; les haricots sont ordinairement préférés pour cette culture intermédiaire.

Le grain du maïs nourrit l'homme et les animaux; on peut en faire de la bière. La paille sèche fournit une excellente litière et un précieux fourrage.

Le riz appartient plus spécialement encore que le maïs aux latitudes méridionales. Nous n'avons rien à en dire ici non plus que du *millet*, considéré comme plante céréale.

VIII. SARRAZIN.

En raison de ses usages, on a rangé le sarrazin au nombre des céréales, quoiqu'il n'appartienne pas à la famille des graminées. Cette plante fait partie de la famille des *polygonées*; bien qu'elle soit originaire du Nord, elle est assez sensible aux basses températures; elle craint les vents froids, la sécheresse, la gelée blanche, la grande chaleur et la pluie pendant la floraison. Voilà pourquoi elle se plaît surtout au milieu de la température humide et tiède qui règne en Bretagne, dans les parages de l'Océan.

Il lui faut un terrain meuble siliceux ou crétacé; on se défie pour elle des terrains riches, parce que sa production en feuilles est alors très-forte et qu'elle fleurit plus tardivement.

Le sarrazin exigeant 1,600° de chaleur solaire moyenne, il faut le semer à une époque telle qu'il puisse mûrir avant l'arrivée probable des gelées blanches. Ce semis a lieu, en Bretagne, vers le 15 juin pour récolter vers la fin d'août ; aux environs de Genève, le 15 juillet pour récolter le 15 octobre; dans le midi de la France, vers la fin d'août pour récolter fin d'octobre. Pendant la durée de sa végétation, la température totale, à l'ombre, est, à Nantes, de 1,574°; à Genève, de 1,500°; à Orange, de 974°, ce qui démontre de plus en plus que la température observée à l'ombre ne suffit pas pour fixer l'époque de la maturité d'une plante. Le sarrazin a le temps de mûrir après la récolte du blé et peut être cultivé en récolte double dans toute la région du maïs.

On sème 1 hectolitre par hectare, ou un peu plus si l'on destine le sarrazin à être consommé comme fourrage ou à être enfoui comme engrais vert.

Le sarrazin se défend bien lui-même pendant sa végétation et n'a besoin d'aucune culture. Sa floraison est successive et peut se prolonger longtemps si le temps continue à être beau.

Le produit maximum, obtenu en Flandre, est de 50 hectolitres. Le produit moyen, en Bretagne, est de 15 hectolitres. — Le poids moyen de 1 hectol. est de 57 à 60 kilog.

IX. MALADIES DES CÉRÉALES.

Les plantes ont leurs maladies comme les animaux ; ces maladies résultent, en général, d'une invasion de cryptogames parasites qui épuisent la plante et dénaturent ses produits.

Les maladies du froment sont : la *puccinie* (noir de blé, brouissure), la *rouille*, le *charbon* et la *carie* (nielle). On ne connaît pas de préservatif contre la rouille ; on peut éviter le charbon en ayant soin de ne semer que des grains qui n'en ont pas été atteints.

Le seigle est exposé aux mêmes maladies que le froment, mais la plus fréquente et la plus redoutable est celle de l'*ergot*. Une excroissance cornée prend alors dans l'épi la place que devait occuper le grain. Si l'on ne trie pas soigneusement la récolte, la farine qui en résulte peut causer les plus graves accidents. — On ne connaît aucun moyen d'éviter l'ergot.

La principale maladie de l'orge et de l'avoine est le charbon.

LES RACINES ALIMENTAIRES
ET INDUSTRIELLES

Les racines tiennent aujourd'hui une grande place dans les assolements : elles donnent des produits considérables tout en laissant le sol dans un grand état de netteté ; elles ont d'autres exigences que les récoltes de grains ou de fourrages, de sorte qu'on peut diviser les chances fâcheuses sur plusieurs produits, dont les uns redoutent l'humidité ou la sécheresse qui conviennent à d'autres. Elles distribuent d'une manière plus égale le travail agricole sur les différentes époques de l'année, et entretiennent l'activité des ouvriers qui, dans la culture ordinaire, passent trop fréquemment, et par saccades, d'un travail forcé à un travail nonchalant ; c'est seulement par leur moyen qu'on peut se procurer des aliments frais d'hiver pour les bestiaux ; enfin, en leur qualité de substances alimentaires, même quand on en extrait le sucre ou qu'on saccharifie leur fécule, les racines rendent à la terre tous leurs principes fertilisants sous forme d'engrais. — Il ne faut pourtant pas se faire d'illusion sur la valeur réelle des racines comme aliment. Appliquées à l'alimentation elles ne sont qu'une nourriture complémentaire, parce que leurs matériaux ne sont pas entre eux dans la proportion voulue pour faire un aliment complet.

I. POMME DE TERRE.

L'importance alimentaire de ce tubercule date à peine du siècle dernier. En 1793 il n'y avait en France qu'environ 35,000 hectares plantés en pommes de terre ; en 1815, il y en avait déjà 350,000, actuellement on en compte 1,000,000 ; mais la valeur nutritive de la pomme de terre est inférieure à celle des céréales. 6 kilogr. de pommes de terre équivalent à 1 kilogr. de farine.

Il y a un nombre infini de variétés de pommes de terre, mais ces variétés semblent se rattacher à trois types principaux :

1º Les *patraques* (grosse blanche), offrant des yeux nombreux et apparents, très productives, médiocrement farineuses, mais excellentes pour les bestiaux ;

2° Les *parmentières* (grosse jaune), munies d'yeux peu nombreux, lisses, hâtives, très-farineuses, de bon goût;

3° Les *violettes* à tubercules allongés cylindriques, dont la chair ferme ne s'écrase pas en cuisant.

De ces trois types sont dérivés une foule d'autres variétés, comme la *rohan*, pomme de terre blanche et très grosse, la *hollande jaune*, etc.

Les pommes de terre se reproduisent par leur graine, par des boutures ou par leurs tubercules. Ce dernier procédé de multiplication est le plus économique. On peut couper le tubercule en morceaux, chacun d'eux donnera naissance à un nouveau pied, pourvu qu'il porte au moins un œil, la plante peut même se reproduire simplement par les yeux ou par les pelures des tubercules.

Le terrain à consacrer à la pomme de terre doit être à la fois léger, meuble et substantiel. S'il est trop humide, les tubercules pourrissent; s'il est trop sec, la végétation s'arrête. Les meilleurs engrais sont ceux qui contiennent des sels alcalins et des débris végétaux.

Dans un climat humide et sur un sol frais, la pomme de terre ne réclame point de culture profonde. La preuve la plus évidente est la culture des Irlandais, leur *lazy bed*, leur lit paresseux, qui consiste à placer les pommes de terre sur le gazon d'un pâturage et à le recouvrir de terre, au moyen de tranchées qu'on ouvre à côté et qui divisent le terrain en planches. Cette culture est éminemment convenable dans les terrains trop humides; mais, quand on craint les sécheresses printanières, ou même dans les terrains naturellement secs, on ne saurait trop recommander les labours profonds, qui entretiennent dans le sol une fraîcheur de laquelle dépend le succès de la récolte. — On plante au printemps, en été ou même en automne, suivant la nature plus ou moins hâtive de l'espèce.

Les sarclages et le binage constituent les soins de culture pendant la végétation.

On récolte après la fructification des tiges.

On arrache les pommes de terre à la fourche, à la bêche ou à la herse. On enlève d'un seul coup toute la plante et ses tubercules. On la saisit par la tige et on la secoue pour détacher la terre, puis on la laisse sur le terrain; après quelques heures d'exposition à l'air, on sépare les tubercules des tiges et on les charge desur ses charrettes

La récolte moyenne est de **18 à 25,000** kilogr. par hectare.

Depuis **1840**, la pomme de terre s'est trouvée atteinte d'une maladie qui en altère ou même en détruit la fécule. Le mal envahit subitement la plante ; les feuilles se tachent d'abord de points bruns, puis finissent par jaunir ; un duvet blanchâtre recouvre leurs stomates. Deux à trois jours après le tubercule est envahi et il offre, à l'intérieur, un aspect marbré, dû à une matière colorante rousse qui, après être descendue par la tige, a suivi les vaisseaux entre la partie corticale et les cellules féculentes, puis a gagné la partie médullaire.

Les causes de cette maladie ne sont pas encore bien connues. On l'a attribuée tantôt à une putréfaction du tubercule, tantôt à une dégénérescence de l'espèce, tantôt enfin à la présence d'un champignon microscopique du genre *botrytis*. Les tubercules venus de graine n'en sont pas exempts ; la seule chose à faire pour éviter l'épidémie est de ne planter que des espèces hâtives qu'on peut espérer récolter avant l'apparition de la maladie.

Les pommes de terre malades ne peuvent servir à l'alimentation de l'homme ni à celle des animaux ; on peut, en se hâtant de les soumettre à la distillation, en retirer un alcool de mauvais goût, propre aux usages industriels.

II. TOPINAMBOUR.

Le topinambour, introduit en Europe longtemps avant la pomme de terre, n'a pas eu la même fortune Son goût prononcé ne tarde pas à inspirer de la répugnance. Il n'a pas été admis dans le régime de l'homme ; mais il possède d'ailleurs de si grands avantages, qu'on doit s'étonner qu'il ne fasse pas plus ordinairement partie des cultures destinées aux animaux. Il donne des produits considérables dans un sol médiocre, il n'épuise pas les terres, il se perpétue pendant un grand nombre d'années sur le même sol en exigeant peu de culture; il ne craint pas la gelée et on peut ainsi laisser ses tubercules en terre et ne les arracher qu'à mesure des besoins; il n'est attaqué par aucun insecte et n'est sujet à aucune maladie; enfin c'est une nourriture à peu près aussi riche que la pomme de terre.

On a craint de ne pouvoir l'extirper des sols où on l'aurait introduit. Quand on sait qu'il ne résiste pas à deux fauchages de sa tige pendant l'année, on se rassure sur cette perpétuité redoutable.

100 kilogr. de foin sont remplacés par 248 kilogr. de topinambours.

On plante à la charrue vers la fin de l'hiver sur les terrains épuisés par les céréales.

III. PATATE.

La patate est un des principaux aliments des habitants des contrées tropicales. On l'a transportée en Espagne et dans le midi de la France. On trouve rarement dans ces régions des terrains assez frais pour promettre des récoltes assurées de pommes de terre; la patate y réussit parfaitement. Elle n'est cependant pas exempte de la maladie des pommes de terre.

C'est une excellente plante fourragère, mais elle craint la gelée.

On récolte, par hectare, 30,000 kilogr. de tubercules et 30,000 kilogr. de tiges.

Nous ne dirons rien des ignames de la Chine, qui sont encore en expérimentation.

IV. BETTERAVE.

On sait comment la betterave est devenue, en France, une plante industrielle. On continuera à en extraire du sucre aussi longtemps que les colonies refuseront de perfectionner leurs procédés de culture et de fabrication. Dans les pays où sont établies des fabriques de sucre, les récoltes de betteraves sont recherchées et payées au comptant. Dans une culture éloignée des fabriques, la betterave ne doit plus occuper que quelques petits clos, dans le but d'offrir un supplément de nourriture fraîche aux vaches et aux cochons.

Il y a plusieurs variétés de betteraves.

1° La *betterave champêtre* ou *disette*; chair variée de blanc et de rose, peau rouge. C'est celle qu'on cultive le plus généralement pour la nourriture des animaux. Une de ces variétés sort presque entièrement de la terre, à laquelle elle ne tient que par les radicules inférieures. Elle contient beaucoup d'eau et de fibres ligneuses.

2° La *jaune longue* ordinaire, à chair jaune, racine allongée, peau d'un jaune clair. Elle pousse aussi hors de terre et est très-estimée des nourrisseurs.

3° La *jaune d'Allemagne*, à racine presque sphérique, peau jaune foncé, chair jaune. Elle croît en terre et paraît être préférée par beaucoup de cultivateurs.

4° La *blanche, de Silésie*; racine peu allongée, très-grosse, peau et chair blanche. Il y a une sous-variété à collet verdâtre. C'est la variété employée presque exclusivement pour le sucre. Elle devient très-volumineuse, mais elle croît en terre.

La graine de betterave germe, et sa végétation commence lorsque la température s'élève à 7°. Elle réussit dans tous les terrains, excepté dans ceux qui ne sont composés que de sable siliceux ou calcaire sans ténacité; terrains prompts à se dessécher et où la plante éprouve des arrêts de végétation trop fréquents. En général, cette plante préfère les terrains de consistance moyenne, plutôt tenaces que légers, frais et enrichis par les engrais; pour bien réussir, elle veut être cultivée sur des terres en très-bon état, qu'elle épuise très-peu, surtout si on abandonne les feuilles comme engrais vert pour le sol.

On ouvrira la terre avant l'hiver pour la préparer à la culture de la betterave. Autant qu'il sera possible, le labour devra être profond, car la racine pénètre beaucoup en terre : au printemps on passe le scarificateur suivi de l'extirpateur, on répand le fumier et on l'enterre par un coup de charrue. On pratique le semis à l'aide du semoir ou du plantoir en allées espacées de 0 mèt. 48 cent. (les plants distants entre eux sur la ligne de 0 mèt. 40 cent.). L'époque du semis doit être celle où l'on ne craint plus les gelées blanches qui détruisent le plant à sa sortie. On donne un premier binage aussitôt que les feuilles ont acquis la longueur de 0 mèt. 20 cent. à 0 mèt.30 cent. C'est un travail qui ne peut être retardé. La récolte se ressent fortement de la négligence qu'on y apporterait. Si l'on sarcle au moyen de l'extirpateur, on a soin de travailler à la main l'intervalle des plantes dans la ligne et d'éclaircir le plant qui sera toujours très épais. On doit éclaircir de nouveau lors du second binage.

On obtient de plus beaux plants et une plus abondante récolte en semant sur couche, au mois de janvier, pour repiquer vers le 15 avril.

La betterave grossit pendant tout le cours de l'année. Mais, quand la température moyenne s'est abaissée au-dessous de 9 à 10 degrés pendant plusieurs jours, on ne peut plus espérer une forte augmentation de poids, et surtout dans les terres argileuses, il ne faut pas attendre davantage pour arracher, si l'on veut éviter la maladie connue sous le nom de pénétration brune.

On peut récolter jusqu'à 100,000 kilogr. de racines par hectares dans une culture soignée et sur un terrain riche.

La betterave est souvent consommée comme fourrage. Il faut 4 kilogr. de betterave pour équivaloir à 1 kilogr. de foin.

La pulpe de la betterave ayant la même valeur nutritive que la betterave elle-même, les cultivateurs ont un grand avantage à la racheter des fabriques, au prix de 40 cent. les 100 kilogr.

V. NAVETS (TURNEPS).

On sera peut-être étonné de voir le navet devenir une plante de grande culture. Il n'a pas l'importance économique de la pomme de terre ni la valeur industrielle de la betterave, ni la propriété améliorante du topinambour; mais, dans les terrains sablonneux de l'Angleterre et de l'ouest de la France, il donne le moyen de solder une partie des frais d'une jachère complète qu'on donne au commencement de l'assolement; pouvant se semer tard (au mois de juillet au plus tôt); il laisse le temps d'accomplir les travaux de cette jachère; il est admirablement servi par le climat et le terrain de ces régions, climat humide, terrain frais, deux conditions indivisibles de réussite constante; de plus, ce climat ayant des hivers très-doux, le navet résiste aux gelées peu intenses, et les bestiaux le pâturent sur place, dispensant ainsi des frais de récolte, de transport et d'enmagasinage ; enfin le navet, peu nourrissant d'ailleurs, proportionnellement à sa masse, paraît posséder des propriétés lactifères et engraissantes, la graisse qu'il produit est d'une nature qui la fait préférer en Angleterre. Dans la région céréale du continent, on traite cette plante d'une façon plus rustique : on la sème sur le chaume des céréales, mais ce n'est alors qu'une récolte dérobée, sujette à manquer.

La variété la plus anciennement cultivée est celle qui a une forme ronde et aplatie et qu'on désigne, dans l'ouest de la France, sous le nom de *rabioule*, en Angleterre sous celui de *turneps*.

Dans un terrain frais, le navet végète vigoureusement, tant qu'il a une température moyenne de 9° degrés. Mais il monte en graine quand il a reçu 2,000 à 2,500 degrés de chaleur totale. Il ne peut donc pas, comme la betterave, être semé au printemps pour profiter de l'humidité de l'automne; il formerait sa tige et mûrirait à l'époque de la maturité du blé et du côlza. Il faut le semer le plus tôt possible, après les chaleurs de l'été, de manière qu'il puisse encore recevoir 1,600 degrés de chaleur totale avant les premières gelées.

La réussite du navet est surtout remarquable dans les sols calcaires, dans les terrains argileux et siliceux; la chaux et la marne contribuent beaucoup à son succès, qui serait plus fréquent, si la jeune plante n'était souvent dévorée, au moment de sa sortie, par l'altise, la limace et d'autres insectes. En Angleterre, on fait la guerre à l'altise au moyen de rouleaux qu'on fait passer de grand matin sur les champs.

Comme toutes les plantes riches en carbone, le navet aime les engrais mixtes et réussit sur les écobuages, sur les défrichements, sur les terres possédant de vieil engrais. Il est certain qu'un champ où l'on a fait des navets est fort appauvri, et les agriculteurs anglais savent qu'il faut fumer la terre de nouveau quand on lui a enlevé ces fortes récoltes; mais, en les faisant manger sur place, on restitue au sol tout ce que la terre lui a emprunté, et, si la terre a été maintenue nette par les sarclages, les céréales qui succèdent réussissent très-bien sans nouvel engrais. Par son feuillage, la plante absorbe une grande partie de sa nourriture dans l'atmosphère.

On ne saurait entretenir trop soigneusement la netteté du

champ pendant toute la végétation des navets. En Belgique, quand ils ont poussé six feuilles, on herse très-fortement deux fois, à huit jours d'intervalle. Le champ semble dévasté; mais aucune plante ne reprend plus facilement, pourvu qu'elle tienne encore au sol.

La récolte se fait ordinairement en arrachant chaque jour la quantité de navets nécessaire pour la nourriture des moutons. On laisse sur le sol un grand nombre de navets tout entamés sans être mangés, mais ils restent comme engrais sur la terre, et l'économie réalisée sur le transport compense largement la perte.

En Angleterre les produits maxima sont de 100,000 kilog., et, dans l'ouest de la France, 64,000 kilog. seulement.

Mais les éventualités réduisent la récolte à 50,000 kilog. dans le premier de ces pays, et à 30,000 kilog. dans 'autre.

Les raves jouent le même rôle que les navets dans l'agriculture du nord-ouest de l'Europe.

VI. CHOUX. RUTABAGA.

Le chou est cultivé pour ses feuilles, le rutabaga l'est pour ses racines.

Le rutabaga, qui n'est qu'une variété de colza, est la plante par excellence des terrains qui dépassent l'état de fraîcheur pour passer à celui d'humidité. Cette plante végète avec une faible température, peu de degrés au-dessus de 0, et continue ainsi à grossir pendant une grande partie de l'hiver. Dans les contrée qui lui sont favorables, elle remplace la betterave pou l'alimentation des bestiaux. Elle se transplante comme elle, et, par conséquent, laisse au cultivateur le temps de préparer le terrain et de choisir le moment où il lui convient d'employer son fumier.

Le rutabaga croît dans les argiles, les glaises, et n'exige pas, comme tant d'autres plantes, pour sa réussite, la présence du calcaire.

Sa culture pourrait se faire avantageusement dans le Midi. On obtiendrait ainsi une récolte d'hiver qu'on pourrait même faire succéder à une récolte dérobée.

On laisse les rutabagas en place jusqu'en février. La récolte peut être successive comme celle des topinambours.

100 kilogrammes de rutabagas équivalent à 25 kilog. de foin.

Le chou exige une terre fraîche et non humide. Dans les

terres sèches du Midi, on n'en obtient qu'au moyen de l'irrigation.

La plantation a lieu pendant le mois de juin dans l'ouest de la France. On sème en pépinière aussitôt pour avoir du plant à cette époque.

En Alsace, le chou est une partie importante de l'alimentation de l'homme. Pour les animaux 100 kilogrammes de chou équivalent environ à 20 kilogrammes de foin.

VII. CONSERVATION DES RACINES. — SILOS.

Les racines peuvent être altérées de deux manières : par les gelées et par leur exposition à la lumière. Ce qui est funeste surtout, c'est le dégel subit, qui désorganise les cellules, les fait éclater et amène la fermentation putride. Pour échapper au danger, il suffit que les racines soient recouvertes d'une couche de paille, qui ne prévient pas la congélation, mais qui assure un dégel gradué.

Dans les pays où l'on cultive les pommes de terre en grand, on a adopté généralement pour mode de conservation des silos creusés de 30 centimètres au plus dans le terrain le plus sec qu'il soit possible de trouver. On couvre de paille le fond et les bords de ces silos, on y entasse les pommes de terre en forme de cône, et on les recouvre de paille, puis d'un lit de terre de 30 centimètres d'épaisseur.

Les betteraves se gardent aussi très bien dans des silos, et l'on a même appliqué ce mode de conservation aux grains des céréales.

LES PLANTES OLÉAGINEUSES

I. COLZA.

Le colza mérite d'être mis en tête des plantes oléagineuses qui conviennent à l'agriculture de l'Europe, non par la qualité de son huile, mais parce que c'est la plante qui donne les plus grands produits et celle qui s'adapte le mieux aux procédés de la grande culture.

Le colza exige par-dessus tout une terre qui ne soit pas exposée à l'humidité de l'hiver; si d'ailleurs la terre a de la fraîcheur au printemps, elle réunit toutes les qualités désirables. Tous les terrains qui ne sont pas trop inconsistants conviennent à cette culture. On la voit prospérer sur des argiles tenaces et sur des terrains meubles, mais on doit préférer ces derniers. Il est difficile d'ouvrir les terres fortes en été et de les préparer pour le colza après une récolte de plantes fourragères faite dans cette saison. Il faut donc y semer ces plantes seulement l'année suivante, tandis que, si le terrain est meuble, on peut cultiver le colza immédiatement après la récolte du foin et semer les fourrages peu de temps après.

Le colza emprunte fort peu à l'atmosphère, il faut donc le fumer largement, si l'on veut obtenir une récolte considérable ; mais il n'a pas, comme le blé, l'inconvénient de verser, et devient un moyen excellent pour utiliser et payer des fumures abondantes que le blé ne supporterait pas.

On sème en place ou en pépinière. Le semis en place peut être fait en automne ou au printemps. Le repiquage ne peut s'opérer qu'en automne. Le colza d'hiver est d'une réussite plus sûre que celui du printemps, qui sort de terre au moment de la plus grande voracité des insectes.

Le colza d'hiver exige 1700 à 1800° de chaleur totale après le renouvellement de sa végétation printanière. Il supporte, sans souffrir, 10 à 12° de froid et même 15 à 18°, si la terre est couverte de neige. Mais il doit être préservé avec soin de toute humidité à son pied pendant l'hiver. Il craint beaucoup les gels et dégels successifs qui le déchaussent

On coupe la récolte à la faucille avant qu'elle soit complétement mûre.

Les produits ordinaires du colza dans les terres des environs de Lille, qui donnent 20 hectolitres de blé seront de 26 à 30 hectolitres de graines. Dans les bonnes années et dans les bons terrains, la récolte monte jusqu'à 42 hectolitres.

II. NAVETTE.

La navette est moins exigeante que le colza sur la qualité du terrain ; elle vient dans les sols légers, surtout s'ils possèdent l'élément calcaire ; elle est moins affectée que le colza par le vent et la sécheresse, elle donne un produit, si faible soit-il, dans des positions où le colza échouerait tout à fait ; elle craint moins le voisinage des mauvaises herbes, souffre le hersage qui ne pourrait être appliqué au colza, et est moins exposée aux ravages des insectes. Mais son produit est moins riche. Cependant presque partout, dans la région de l'Est, moins pluvieuse que celle de l'Ouest, on trouve la navette substituée au colza.

III. CAMÉLINE.

La caméline est la plante oléagineuse des terrains légers et sablonneux. En Flandre, on la sème pour remplacer les colzas qui ont été détruits par l'hiver.

IV. OEILLETTE (PAVOT)

Le pavot convient surtout aux terrains naturellement meubles, mais il redoute les grands vents et exige beaucoup de main-d'œuvre. Il est regardé comme une bonne préparation pour le blé, parce qu'on doit le fumer fortement et qu'il laisse le sol en bon état.

On cultive généralement la variété à fleurs rouges et à graines grises. On sème à la fin de l'hiver, le plus tôt possible. La graine répandue sur la neige est suffisamment enterrée au moment de la fonte. En Flandre, on sème au mois de mars. La terre est préparée avec les mêmes soins que pour les autres plantes oléagineuses ; on ameublit autant que possible la surface par des hersages et des roulages répétés. On sème à la volée 2 kilogr. 30 de graines par hectare.

Quand les pavots ont atteint la hauteur de 5 centimètres, on les sarcle avec une binette, et on les éclarcit en maintenant entre ceux qu'on laisse une distance de 20 centimètres. On revient plusieurs fois à cette opération, jusqu'à ce que la tige commence à s'élever.

La récolte ne doit pas être retardée, si l'on ne veut qu'une partie de la graine se dissémine par les ouvertures de la capsule. Dès que les têtes commencent à prendre une couleur grise, on arrache les tiges à la main et on les lie au-dessous de la capsule, et sans les incliner, en petites bottes. On appuie ces bottes les unes contre les autres, de manière à faire un faisceau auquel on donne un peu de pied, pour qu'il ait de la stabilité. On peut alors commencer à cultiver le champ pour la récolte qui doit suivre, en attendant la maturité complète des graines, qui s'achève dans les capsules.

La récolte moyenne est de 500 kilog. de graines, ou 9 à 10 hectolitres.

V. OLIVIER.

L'olivier est l'une des premières plantes oléifères du globe ; son importance est considérable dans les régions agricoles du midi de l'Europe, où il permet d'utiliser des terrains escarpés et sans valeur pour les cultures céréales. Il ne faudrat pas croire cependant que cet arbre pût se passer absolument des soins de l'homme, L'ameublissement du terrain, les engrais et la taille augmentent beaucoup ses rendement. La limite que les hivers du Nord lui assignent est trop méridionale pour que nous ayons à faire autre chose ici que de le mentionner.

VI. TOURTEAUX.

On donne le nom de tourteau au marc des graines oléagineuses qui ont passé au moulin ou sous la presse. Ces résidus renferment tout l'azote contenu dans le fruit, et constituent un engrais très puissant. Ce sont même, à l'exception du tourteau d'œillette, de bons aliments pour les bestiaux dont ils favorisent l'engraissement.

L'emploi des tourteaux en agriculture n'est pas limité à la quantité de graines qu'on cultive ; les graines exotiques que le commerce introduit ajoutent leurs résidus à ceux des colzas et des œillettes.

LES PLANTES TINCTORIALES

I. GARANCE.

La garance est aussi importante en Europe que l'indigo dans la zone équinoxiale. Elle peut donner toutes les teintes rouges réclamées par l'industrie. C'est la racine de cette plante qu'on emploie en teinture.

La garance réussit dans les climats les plus divers. Sa racine est vivace, et sa tige seule périt chaque année. Elle ne craint que l'excès d'humidité. Quand la terre est trop sèche, en été, sa végétation est suspendue pour reprendre au retour des pluies ; mais, dans les terrains frais, elle continue sans interruption, tant que la température ne descend pas au-dessous de 10°. Son développement, à fertilité égale du sol, est proportionnel à la durée du temps pendant lequel elle végète ; il tient, par conséquent, à la nature des terrains et des climats.

La garance demande un sol meuble et des engrais abondants; mais elle est loin de les épuiser. Le carbonate de chaux est surtout indispensable. On en trouve une proportion très considérable dans les terrains de la Hollande ou du département de Vaucluse, consacrés à cette culture.

La garance se multiplie par graines. Cependant on trouve de l'avantage à la replanter avec les jets anciens qui poussent au printemps. Le terrain doit être préalablement défoncé ; l'opération s'exécute à la bêche ou à l'aide d'un labour des plus profonds. Dans l'est de la France la plantation se fait en avril et en mai. On divise le champ en planches séparées par des allées profondes. Dès que la plante a repris, on nettoie le sol ; quinze à vingt jours après, on sarcle ; on donne encore plusieurs sarclages dans le cours de l'année.

Dans les environs de Haguenau, la garance occupe le sol pendant deux années ; la récolte a lieu vers la mi-novembre. Dans certaines localités du Midi, cette plante dure cinq ou six ans. On s'accorde généralement à reconnaître que les produits s'accroissent avec le temps, mais il faut éviter la gelée.

La récolte de la garance se fait à la charrue ou à la houe. La racine est desséchée dans des étuves et passée au moulin ; c'est à l'état de poudre qu'elle est livrée au commerce.

Le produit annuel est de 1,800 kilogrammes par hectare.

Indépendamment de son produit tinctorial, la garance fournit une grande quantité de feuilles qui sont un bon fourrage. M. de Gasparin estime la récolte annuelle de ces feuilles à environ 7,000 kilogrammes par hectare.

II. PASTEL.

Le pastel ne renferme que très peu d'indigo ; on le cultive cependant pour ses propriétés tinctoriales, mais sur une petite échelle, dans un certain nombre de localités. Il préfère les terrains riches, profonds ; il ne réussit pas dans ceux qui sont trop compactes et qui retiennent l'eau ; il se plaît dans les sols calcaires, ou chaulés, ou marnés : il profite du plâtrage. Quand il manque de l'élément calcaire, il ne donne que des pousses peu élevées.

Le semis se fait en automne ou au printemps, à la volée, avec 150 litres de graines par hectare. On sarcle et on bine la plante, tant que les mauvaises herbes repoussent.

Les feuilles sont bonnes à cueillir dès qu'elles offrent sur leurs bords une teinte violette et sans attendre qu'elles jaunissent. Les produits en feuilles fraîches d'un hectare seraient, d'après Chaptal, de 15,000 kil., susceptibles de donner 27 kilog. d'indigo. Mais on a renoncé à tirer l'indigo de cette plante, et elle se vend sous forme de *coques* ou de pâte moulée en cylindres.

III. CARTHAME.

La fleur du carthame sert en teinture. On la cultive en Orient et dans le midi de l'Europe. Cette culture demande beaucoup de soins. La semence est mise en terre dans les premiers jours du printemps ; on espace les pieds à environ 65 centimètres. La cueillette se fait en août ; lorsque les fleurs sont d'un jaune foncé, on les arrache et on les fait sécher à l'ombre.

IV. GAUDE.

La gaude se sème en avril ; elle hiverne et mûrit au mois d'août suivant. On la récolte quand elle commence à jaunir. Un hectare produit environ 2,000 kilog. de gaude marchande.

V. SAFRAN.

Le safran est cultivé en Provence et dans le Gatinais. Il lui faut une terre meuble et fertile pour qu'il produise avec abondance ; on peut cependant le cultiver dans un sol médiocre. On garnit le terrain, retourné à une profondeur de bêche, avec les oignons provenant d'une ancienne plantation. Dans le Midi, on transporte les bulbes au mois de juin. Les premières fleurs apparaissent vers le milieu d'octobre. Elles sont très peu nombreuses dans la première année ; on cueille et on enlève les pistils. Cette cueillette dure une quinzaine de jours. Dans l'année qui suit la plantation, on donne un façon à la surface du sol, on enlève les feuilles desséchées. La seconde cueillette a lieu à la même époque que la première, les fleurs sont beaucoup plus abondantes; on continue la même culture jusqu'au moment de l'arrachement des oignons, qui a lieu, la seconde année, dans les environs d'Orange.

C'est dans les pistils que se trouve la matière colorante du safran; l'extraction de ces pistils est une occupation à laquelle la famille tout entière du cultivateur emploie ses soirées. Dans une veillée de trois heures, huit personnes préparent **250** grammes de safran.

M. de Gasparin évalue à **50** kilogram. de safran le résultat d'une culture de deux années dans le voisinage d'Orange. Le rendement moyen annuel serait de **25** kilogrammes de safran.

LES PLANTES TEXTILES

I. CHANVRE

Le chanvre fait la richesse de plusieurs contrées. La rapidité de sa croissance permet de le cultiver dans les climats les plus divers. Il veut un terrain frais pendant toute la durée de sa végétation; il réussit mal dans les sols tenaces; enfin, il craint les grands vents, qui, en agitant et faisant heurter les tiges entre elles, altèrent la fibre, la rendent dure, la couvrent de nodosités, et lui font perdre une grande partie de sa valeur.

Isolé de toute autre plante, le chanvre atteint jusqu'à **7** mètres de haut; sa tige acquiert alors de la dureté et se ramifie; les filaments de son écorce sont tenaces et grossiers; on en obtient seulement de la filasse propre à faire des cordages. Le fil devient plus fin à mesure que les plantes sont plus serrées, et que, recevant moins de nourriture, par la concurrence des voisines, elles prennent moins de développement. Ce fil est moins tenace que celui du chanvre isolé, on en fabrique des toiles.

La rapidité de la croissance du chanvre fait pressentir qu'il lui faut surtout des engrais consommés, dont la décomposition avancée lui permette de s'emparer des éléments à sa convenance, il est surtout avide de chaux.

Le terrain consacré au chanvre doit recevoir deux labours: l'un en automne, l'autre au printemps. En avril, on fait à

la houe des sillons de **4** à **5** centimètres de profondeur; on
ré[pand] la graine dans le sillon et on la recouvre avec la terre
qu'on retire du sillon voisin. On sème **150** à **200** litres de
graines par hectares, de manière que les plantes soient espacées de **4** à **5** centimètres, et qu'il y ait environ **350** ou
400 tiges par mètre carré.

La récolte du chanvre se fait en une ou deux fois, selon
qu'on se contente de la filasse ou qu'on veut à la fois avoir
de la filasse et de la graine.

En France et partout où l'on cultive le chanvre à toile,
on l'arrache de terre par petites poignées de dix ou douze
brins, selon la résistance que le sol plus ou moins dur oppose à l'arrachage; on détache la terre qui tient aux racines en les frappant contre un corps résistant. Ces poignées
sont réunies en javelles de **50** centimètres de circonférence qu'on nomme *poignées*. Quand le chanvre est tout ar-
raché, on le lie en gerbes d'un mètre de circonférence, au
moyen de liens d'osier, et on met rouir le même jour; le
chanvre est moins blanc quand on diffère le rouissage.

Quand on veut récolter la graine à part, on commence
par arracher les plantes mâles (*femelles* dans le langage
vulgaire), quand les fleurs ont défleuri et que les feuilles
jaunissent, il reste alors dans le champ un tiers environ
de plantes femelles (*mâles* du vulgaire) qui végètent plus
à l'aise et qu'on arrache à leur tour quand les feuilles
jaunissent et que la graine commence à brunir. On les lie
en petites bottes; on en fait des faisceaux que l'on re-
dresse pour que la graine achève de mûrir; on les bat ensuite pour en extraire la graine. Dans une culture pareille,
on compte sur **293** kilogr. de graine et sur **689** kilogr. de
filasse, au lieu de **780** kilogr. de filasse qu'on aurait obte-
nus en arrachant tout le chanvre à la fois.

Les filaments de l'écorce des plantes textiles sont fortement agglutinés ensemble par une matière gommo-rési-
neuse qui s'oppose à leur séparation jusqu'à ce qu'on soit
parvenu à la détruire. Le moyen employé jusqu'ici pour
opérer cette destruction consiste à exciter, par l'humidité et
par la chaleur, une fermentation qui décompose la gomme
résine. On y parvient en plongeant les gerbes de tiges dans
l'eau et les y laissant jusqu'à ce que la fermentation se soit
établie. Cette opération s'appelle le rouissage. S'il a lieu
dans une eau courante, qui entraîne à mesure la matière
colorante, le chanvre acquiert une belle couleur blanc-jau-

nâtre, qui est très-recherchée. On doit, dans tous les cas, éviter de faire rouir dans les eaux limoneuses qui donnent une mauvaise apparence au chanvre. Si l'opération a lieu dans l'eau dormante, elle est beaucoup plus courte en raison de la température qui s'élève; mais l'eau croupie émet des gaz infects et malsains. — On profite, pour le rouissage, des étangs, des fossés qui entourent les champs, ou bien on pratique des bassins qui prennent le nom de rouloirs. — La rapidité de l'opération est en raison de la température.

II. LE LIN.

La culture du lin a reçu une forte impulsion des perfectionnements mécaniques de la filature. Son emploi dans la fabrication des toiles tend de plus en plus à exclure celui du chanvre, moins facile à soumettre aux mêmes procédés. L'industrie tire, d'ailleurs, de la graine du lin un parti bien plus avantageux que de la graine du chanvre.

Le premier soin de celui qui veut cultiver le lin doit être de se procurer la variété qui donne le plus grand produit. Cette variété est celle qu'on obtient des graines venues de la Livonie. On la nomme lin de Riga; elle donne des tiges fort élevées qui ne se ramifient pas, qui produisent peu de graines, mais qui donnent une filasse d'excellente qualité. — Comme tous les produits de graines perfectionnées, le lin faiblit à la seconde génération, et il faut le renouveler au moins tous les deux ans.

Le lin exige un sol où il trouve facilement des phosphates et des silicates alcalins pouvant fournir de la silice soluble. Aux Etats-Unis et en Angleterre on répand du sel marin en même temps que la semence du lin. On a remarqué que ce mélange avançait beaucoup la végétation.

La racine du lin est pivotante; elle absorbe sa nourriture par l'extrémité. Il faut donc donner à la terre un labour profond et répartir l'engrais dans toute l'épaisseur de la couche ameublie. Mais les couches profondes du sol sont habituellement les moins pourvues de principes fertilisants; les sucs fécondants n'y pénètrent qu'avec lenteur, si on ne les y dépose pas. Dans les terres profondes, il faut donc mettre un certain intervalle entre les retours successifs du lin, afin que les couches inférieures épuisées puissent, par l'effet de ces infiltrations, se charger de nouveaux éléments nutritifs. En Belgique, on ne fait revenir le lin que tous les neuf ans ; dans l'Aisne, où les terres manquent de profondeur, il revient tous les trois ans dans un assolement.

La profondeur à laquelle l'engrais doit parvenir explique la grande surabondance de celui qu'on donne au lin ; car, dès qu'on l'applique seulement à la surface, il faut qu'il y en ait beaucoup pour que l'eau pluviale se charge d'une quantité de principes solubles suffisante pour engraisser les couches inférieures. On peut, d'ailleurs, faire après le lin une série de récoltes sans engrais.

Le lin vient dans tous les terrains riches et frais ; il ne refuse que les sols granitiques ou calcaires sans mélange d'argile ; il préfère les expositions du nord et de l'est. —On sème le lin en automne ou au printemps. Le lin d'automne donne une plus grande abondance de graines, mais une filasse de qualité inférieure. Les fortes gelées endommagent quelquefois les lins d'automne.

On sème en lignes et l'on emploie 200 kilogr. de graines par hectare. On va jusqu'à 380 kilogr. pour les lins dont on veut obtenir la filasse la plus fine. On commence à sarcler quand la plante a acquis 0 mèt. 03 cent. à 0 mèt. 04 cent. de hauteur.

Le lin, dont la végétation a d'abord été assez lente, s'élève ensuite rapidement, pourvu que l'humidité ne lui manque pas. Il fleurit dans les premiers jours de juillet en Belgique. Les graines mûrissent quinze jours ou un mois après la floraison.

On fait rouir le lin comme le chanvre pour isoler les fibres textiles.

On récolte environ par hectare 300 kilogr. de graine et 300 kilogr. de filasse.

LE HOUBLON

Les cônes du houblon contiennent, à la base de leurs écailles, une substance pulvérulente, jaune, qui entre dans la composition de la bière, qui lui donne son arome et qui contribue à sa conservation.

Le houblon se cultive dans tous les sols, quelle que soit leur nature, pourvu qu'ils joignent une profondeur suffisante à une grande fertilité.

La terre destinée à une houblonnière est d'abord fortement fumée, puis défoncé- à la bêche à 80 centimètres au moins. Les places que doivent occuper les plants sont indiquées par de petits piquets allignés au cordeau. La distance d'un pied à l'autre est ordinairement de 2 mèt. Pour planter, on creuse, aux endroits indiqués par les piquets, une fosse de 70 centimètres, en tous sens, que l'on remplit aux trois quarts avec du terreau préparé un an à l'avance.

A la fin de mars ou au commencement d'avril, on dégage les pieds des anciens houblons à l'aide de la houe jusqu'à la tige mère ; à une très faible distance de cette tige, on coupe toutes les pousses ou replants, et les racines latérales les plus rapprochées des pousses. On recouvre de terre la tige nettoyée et l'on procède à la mise en terre des replants ou bourgeons radiculaires que l'on vient de se procurer.

On place deux replants dans chaque trou, on tasse assez fortement, puis on recouvre avec de la terre meuble, et l'on met une perche à chaque trou.

On procède à la ligature quand les jeunes tiges sont assez longues pour entourer la circonférence de la perche. Chaque perche ne soutient que deux tiges choisies parmi les plus belles. On attache les tiges avec du petit jonc ou avec de la paille amollie dans l'eau. En même temps qu'on attache les tiges on les effeuille, vers le bas, jusqu'à 30 centimètres au-dessus du sol. Dans la première quinzaine de juin on bine à la houe. On enlève à la serpette, jusqu'à la hauteur de 3 ou 4 mètres les petits rameaux et les tiges portant fleurs, qui se développent entre la tige mère et les feuilles. Au delà, on laisse subsister tous les rameaux à fleurs.

On reconnaît que le temps de la récolte est arrivé quand, dans la plantation, à l'odeur herbacée succède l'odeur si pénétrante du houblon, et quand les cônes prennent une teinte jaunâtre ; il faut alors procéder, sans retard, à la cueillette.

Pour faire la récolte, on coupe les tiges à 1 mètre du sol ; la perche est arrachée, on l'incline lentement jusqu'à la faire reposer sur un chevalet, et l'on détache les cônes un à un, en séparant soigneusement les queues et les feuilles. On porte les récoltes dans des greniers bien aérés et on l'étend en couche d'une faible épaisseur ; on la dessèche en ayant bien soin qu'elle ne s'échauffe pas trop ou on l'*ensacue* pour la livrer au commerce.

En moyenne, un hectare rend 3,250 kilogr. de houblon.

LE TABAC

Il y a un grand nombre de variétés de tabac : celle que l'on cultive le plus généralement en Europe a les feuilles larges ; celle qui produit le tabac de Virginie les a beaucoup plus étroites. Notre variété donne des feuilles plus abondantes que les autres (1).

Le tabac demande des engrais plus fortement azotés que le fumier de ferme ; il exige avant tout des engrais décomposés et faciles à absorber, et, dans les fumiers qu'on lui donne, il ne s'empare jamais que de la partie soluble ; il réussit sur toute espèce de terrain, depuis le plus tenace jusqu'au plus graveleux. Cependant, on établit de préférence sa culture dans des sols meubles et frais.

Le tabac se transplante toujours. Le petit volume de sa graine serait un obstacle au semis en place.

Dans le Nord, on sème sur couche pour avoir des plants précoces. A l'approche du moment de la plantation, on répand les engrais riches : les tourteaux, la poudrette, les engrais flamands ; on les enterre, par un labour, à 8 ou 10 centimètres de profondeur, qu'on fait suivre d'un hersage double. On enraye ensuite la terre à la distance où l'on veut placer les plantes.

Ce qui paraît désirable dans notre pays c'est qu'on augmente le nombre de pieds par hectares.

Dans le midi de la France, suivant M. de Gasparin, ancien ministre de l'agriculture, on plante seulement 10,000 pieds par hectare ; ils se trouvent donc à 1 mètre en tous sens les uns des autres, tandis qu'en Flandre, on met 40,000 ou 50,000 pieds par hectare ; ce qui réduit la distance à 50 centimètre, espace très suffisant pour conduire la culture à

____

(1) Les tabacs les plus renommés sont ceux de Cuba, de Virginie et de Maryland, en Amérique ; de Hollande et d'Allemagne en Europe. Dans le Levant Salonique est le grand marché des tabacs. Cette plante ne fut introduite en France qu'en 1560, par Jean Nicot, ce qui lui a fait donner le nom de *nicotiane*. Le tabac fut d'abord employé comme médicament à cause de ses vertus narcotiques et purgatives. La culture du tabac commença en Alsace, en 1620 et, en 1718, on en estimait la récolte dans cette province à 80,000 quintaux.

bonne fin. On accroît ainsi un rendement plus avantageux et les cultivateurs pourraient employer des méthodes diverses et des quantités d'engrais différents.

Quand le terrain est enrayé, on procède à la plantation. Les plants doivent avoir trois à quatre feuilles; on les place en terre au moyen du plantoir. Après la reprise, on attend quinze ou vingt jours pour donner le premier binage; quand les plants ont acquis 30 centim. de haut, on fait le second et l'on butte légèrement. Enfin, quand le tabac commence à montrer ses boutons à fleurs, c'est le moment de l'arrêter, par l'écimage, à la hauteur où l'on peut espérer que les feuilles inférieures prendront tout leur développement.

Aussitôt que la plante a été écimée, les bourgeons auxiliaires des feuilles poussent et tendent à produire des rameaux latéraux. Si l'on veut avoir un bon produit, il faut avoir soin de détruire ces rameaux au fur et à mesure de leur apparition. Quand les feuilles de tabac jaunissent et qu'elles s'inclinent sur la terre, le moment est venu d'en commencer la récolte. Dans les cultures soignées, on enlève les feuilles supérieures à mesure qu'elles se flétrissent, mais, en général, la récolte se fait en une seule fois, soit en coupant la tige près du sol, soit en cueillant les feuilles, une à une, sur la tige. Il n'y a plus alors qu'à faire sécher la récolte avec des soins particuliers, qui ne sont pas du ressort de l'agriculture.

Le rendement moyen du tabac est, en France, par hectare, de 1,180 kilogr. de feuilles.

LA VIGNE

La vigne est la principale richesse des pays tempérés; c'est la plante qui fournit la meilleure boisson, et dans les conditions de culture les plus avantageuses. Tandis que, sous les climats du Nord, il faut affecter à l'orge et au houblon les terres les plus fertiles, le raisin mûrit sur des côteaux où l'on ne saurait cultiver les céréales. Dans la partie méridionale de sa région, la vigne a l'avantage de substituer une culture dont le produit est à peu près certain, à d'autres cultures dont le résultat est beaucoup moins assuré, d'être une de celles qui exigent le moins de travail, relativement au produit net qu'on en retire; de faire disparaître les jachères et d'utiliser, sans relâche, toute l'étendue du territoire; de s'étendre sur tous les sols et d'occuper ceux qui ne porteraient que d'improductives broussailles, enfin de consommer peu d'engrais et de laisser les abondantes fumures aux céréales.

Il y a un nombre prodigieux de variétés de vigne, plus ou moins précoces, plus ou moins productives. On est parvenu à en rassembler plus de treize cents dans la pépinière du Luxembourg.

Ces variétés peuvent se ranger en deux classes : la première, comprenant les vignes qui produisent beaucoup, mais dont le vin est inférieur, ce sont les *gamais*; la seconde réunissant les vignes qui produisent peu, mais qui fournissent des vins fins et d'excellente qualité, ce sont les *pinots*.

On cultive rarement un seul cépage dans un vignoble. On associe les plants suivant leurs qualités. Si, par exemple, le vin d'un clos reste doux par le manque de ferments, on corrigera ce défaut en plantant des cépages qui aient des qualités contraires et qui donnent des vins secs ; s'il a trop peu d'alcool, un plus grand nombre de *pique poules* dans le Midi et de *pinots* dans le Nord corrigeront ce défaut. S'il est abondant en lie et sujet à tourner en vinaigre, on ajoute à la plantation des cépages qui possèdent beaucoup de tannin, tels que le *mourvèdre* dans les sols riches, le *brun fourca* dans les terrains secs du Midi, le *merlot* de la Gironde dans l'Ouest. Il y a, dans le Midi, des moûts qui fermentent mal faute d'une proportion d'eau; on remédie à cet inconvénient en plantant une certaine quantité d'*aramons* ou de *t-rret*. On donne de la couleur aux vins du Midi sans altérer la qualité, en plantant dans les vignes un quart de ceps de *mourastels* ou de *carignac*. Dans le Nord, on emploie les *teinturiers*.

Dans le cas où l'on fait de ces alliances de cépages pour confondre leur moût dans la même cuvée, il faut les choisir parmi ceux qui ont des époques de maturités pareilles ou au moins très rapprochées.

Il y a peu de plantes qui aient une végétation plus vigoureuse que la vigne. Nous la voyons dans l'état de nature s'élancer dans les arbres voisins, entrelacer ses sarments à leurs rameaux, et, grâce à cet appui, atteindre les plus hautes cimes ; nous voyons un seul cep enceindre de ses jets de vastes édifices et se couvrir de fruits. Le véritable état de la vigne est celui des plantes grimpantes ; c'est comme *hautain* qu'elle donne les plus grands produits ; mais alors ses raisins ne reçoivent plus que la chaleur diffuse de l'air, et non la réverbération de la terre. Les raisins sont aqueux, peu sucrés, et contiennent, en général, des acides libres. Cette observation a déterminé les cultivateurs de la plupart des pays à tenir la vigne basse par le moyen de la taille.

La vigne est sensible aux grands froids, les fortes gelées font éclater le bois des vieux ceps et attaquent les racines ; les effets du froid sur la vigne se font même sentir plusieurs années après ses atteintes, au moment où les bourgeons commencent à s'ouvrir. Les gelées blanches peuvent aussi causer de très-grands dommages. La vigne absorbe une grande quantité d'eau dans le sol. C'est cependant une des plantes qui résistent le mieux à la sécheresse, parce que ses racines ont une faculté d'absorption considérable.

La vigne peut donner de bons produits dans des sols de nature très-variée, il faut éviter cependant les terrains argileux, compactes, trop humides, et les terrains trop légers comme les sables purs.

La vigne se multiplie au moyen des semis, des boutures, du marcottage et de la greffe. On emploie surtout les boutures et le marcottage ; nous n'avons à examiner maintenant que la grande culture de la vigne. Nous renvoyons au *Traité d'horticulture* de la *Bibliothèque Philippart*, pour la théorie de ces différents modes de reproduction ; il nous suffira donc de dire ici qu'une bouture de vigne est un sarment d'un an qu'on coupe sur une vigne de bonne qualité, qu'on enterre au printemps, qui s'enracine et qui se transforme en un plant. La marcotte est ce même sarment qu'on laisse adhérer à la souche mère, qu'on couche dans un sillon où il prend racine et qu'on relève à l'endroit où l'on veut avoir un nouveau ceps.

La vigne se taille chaque année ; nous verrons, dans le *Traité d'horticulture*, sur quels principes est fondée cette opération que nous nous contentons d'indiquer maintenant.

A la fin de la première année de la plantation et après avoir enlevé toutes les menues brindilles qui ont poussé plus près de terre, on taille le principal jet en lui laissant seulement un œil, c'est-à-dire un bourgeon. La seconde année on l'allonge jusqu'au dessus du second œil et l'on a déjà une bifurcation, la troisième année on laisse un troisième œil et la vigne est bifurquée. C'est ce qu'on appelle *enseller* le plant. Si la vigne a beaucoup de force, on forme une quatrième et même une cinquième branche, qui toutes sont disposées en gobelets et à l'extrémité desquelles naissent les rameaux ou sarments soumis à la taille annuelle.

Le ceps étant formé de 3, 4, 5 cornes ou branches principales, on retranche au mois de février tous les sarments de chaque corne, excepté un seul, le plus vigoureux, et on le taille sur trois bourgeons.

Dans quelques vignobles où le plant est très vigoureux, on réserve un sarment qu'on taille à huit ou dix nœuds et que l'on ploie en arc en le rattachant à la souche elle-même. Ce sarment prend le nom d'*aste* dans le Bordelais : on dit en Bourgogne que la vigne est taillée en *archet*.

En Italie on fait grimper la vigne sur des arbres; dans les environs de Rome on la soutient au moyen de roseaux; dans quelques parties du midi on attache les sarments du ceps aux sarments du ceps voisin pour qu'ils se soutiennent réciproquement. Dans le plus grand nombre de lieux on se sert d'échalas en bois auxquels sont liés les sarments d'une ou de plusieurs souches. Ailleurs on met plusieurs échalas par chaque souche ; aux environs de Besançon et en Médoc, on palisse les vignes sur de larges perches attachées horizontalement à des pieux.

À mesure que la vigne vieillit, les branches du ceps s'allongent, son tronc grossit, ses racines occupent tout le cube de terre qui est à leur disposition, il faut pourvoir à cet état de chose qui menace sa fécondité future. Deux systèmes sont alors en présence. Le premier est d'arracher la vigne qui parvient à sa décrépitude, et, après un intervalle de temps plus ou moins long, occupé par des cultures améliorantes, de replanter de nouveaux ceps. L'autre consiste à ne pas attendre que le plant atteigne cet état de vieillesse, et à le renouveler constamment en entretenant par du fumier la fécondité du sol. On nomme cette méthode le *provignage*; on enterre les ceps d'une rangée de vignes de manière à leur faire occuper la place qu'occupait une rangée voisine et ainsi de suite. On prépare le cep à provigner, en supprimant près de la tige la totalité du vieux bois des cornes, excepté celui qui porte le sarment destiné à former un nouveau cep. On couche alors le cep dans une tranchée sans le tordre et sans le casser, et on remplit la tranchée dont il ne sort que l'extrémité du sarment. On recouvre autant qu'il est possible les provins avec de la terre neuve et du fumier, on exécute le même travail pour chaque cep de la rangée; ensuite ceux de la deuxième rangée viennent se placer à la position qu'occupaient ceux de la première, etc., etc. Le tronc des ceps se change en racine, et ce qui reste hors de terre devient le nouveau tronc dont on établit la tête par les procédés connus.

On ne s'attend pas sans doute à trouver ici des détails sur la vinification; notre cadre très-étroit nous oblige à nous renfermer dans les travaux agricoles proprement dits. La vinication est aujourd'hui une industrie spéciale comme la fabrication du sucre, comme la préparation des huiles, etc. Nous laissons de côté tout ce qui ne touche pas à la culture de la vigne.

Les différentes variétés de raisin mûrissent plus ou moins tôt; on est cependant obligé de récolter tout ensemble, au moment du ban des vendanges, les variétés précoces et les variétés tardives.

En moyenne :

1 hectare de gamais donne 100 hectolitres de vin.

1   —   pinot   —   30   —

On sait en quoi consiste la maladie de la vigne, un champignon parasite l'*oïdium* s'établit sur les feuilles et sur la grappe, fait gercer les grains et les empêche de mûrir. La fleur de soufre, répandue à sec sur toutes les parties vertes de la vigne, est un préservatif presque infaillible contre cette redoutable épidémie; on a constaté que l'action du soufre est d'autant plus prononcée, qu'il est appliqué au premier début de la maladie et même avant son apparition. Aussi convient-il de pratiquer un premier soufrage avant la floraison; un second, lorsque les raisins sont gros comme de petits plombs de chasse; un troisième, lorsqu'ils ont atteint les 2/3 de leur grosseur. L'opération est d'autant plus sûre qu'on la fait pendant les grandes chaleurs du jour.

LA PRAIRIE

I. PRAIRIES PERMANENTES.

Tout terrain abandonné à lui-même se couvre spontanément d'un gazon dont les tiges sont plus ou moins fournies et s'élèvent à une plus ou moins grande hauteur, selon la nature du sol, son état de fertilité et le climat dans lequel il est situé.

Cette production naturelle d'herbe est d'autant plus grande que la saison de chaleur humide est plus longue.

Au nord du continent, les prairies ont un long sommeil hivernal, puis repoussent vigoureusement pendant les étés humides ; dans le midi, au contraire, en Algérie, par exemple, l'hiver est humide et suffisamment chaud pour que les herbes ne cessent de végéter. Pendant cette saison et celle du printemps, la surface entière du pays est une riche prairie dont on finira par comprendre les avantages ; en été tout se dessèche et les plantes entrent dans leur sommeil estival. Ici c'est le froid qui les arrête, là c'est la sécheresse ; les deux conditions indispensables, chaleur, humidité, ont cessé de se rencontrer ensemble.

Entre ces deux extrêmes, se trouvent des pays dont l'hiver est doux et l'été humide ; où la végétation est à peine interrompue. Les prairies y développent constamment le luxe de leur verdure ; c'est ce qui se passe sur les côtes occidentales de notre continent. Le Poitou, la Bretagne, la Normandie, la Hollande, la verte Irlande, sont de véritables pays d'herbages, partout où le sol est suffisamment hygroscopique. Au contraire, si l'hiver est assez rigoureux pour interrompre la végétation et que l'été soit sec et chaud, on ne trouve plus de belles prairies que sur les montagnes, soustraites par leur attitude aux influences du climat, ou sur des terrains arrosés par des eaux naturelles ou par l'irrigation.

Telles sont les conditions de durée des prairies naturelles qu'on nomme pour cette raison prairies permanentes.

Les prairies permanentes sont nécessairement composées de plusieurs espèces de végétaux, et quelquefois d'un grand nombre d'espèces vivant côte à côte et formant par l'entrelacement de leurs racines et leurs tiges ce qu'on nomme le *gazon*. Quand même, au début, on n'aurait semé qu'une seule espèce de graines, on n'en verrait pas moins surgir bientôt d'autres plantes dont le germe préexistait dans le sol, ou dont les semences y sont apportées par les eaux et les vents. Peu à peu, chacune d'elles se faisant sa place selon son degré de vitalité, le mélange rentre dans la proportion des gazons qui croissent dans le pays dans des sols semblables et semblablement situés ; par le semis, on ne fait que hâter le moment où les terrains, possédant une quantité suffisante de germes, commencent à donner un produit ; mais on ne reste nullement l'arbitre de la nature des herbes qui finissent par y dominer. Il y faut d'autres soins ; il faut changer la nature du sol, soit en desséchant celui qui est trop humide, soit en arrosant celui qui est trop aride, soit en fumant celui qui est trop maigre. Il faut faire une guerre incessante aux plantes nuisibles pour modifier les qualités du gazon.

La prairie une fois établie, on en récolte l'herbe de deux façons : en la faisant pâturer sur place par les bestiaux, ou bien en la fauchant pour la convertir en foin.

II. PRAIRIES TEMPORAIRES

Les prairies permanentes sont, sans contredit, la base la plus assurée d'une agriculture régulière. Elles exigent peu de main-d'œuvre ; elles nourrissent les bestiaux et procurent de l'engrais ; elles ne présentent pas, à des époques rapprochée , les chances que courent les plantes dont il faut renouveler les semis. Cependant il y a des climats où la répartition de l'humidité entre les saisons de l'année est telle, que e printemps et l été n'amènent que rarement des sécheresses nuisibles au semis des récoltes fourragères. Dans ces climats, on a pu renoncer à s'appuyer sur les prairies permanentes, et l'on a préféré les prairies temporaires, qui ont leurs avantages spéciaux. On les nomme quelquefois prairies artificielles, en raison des procédés par lesquels on les établit.

Les plantes qui concourent à former les prairies temporaires présentent des pouvoirs d'assimilation différents. Si l'on analyse le produit des unes et si l'on considère aussi l'état où elles laissent le sol, on trouve qu'elles reproduisent plus de matières fertilisantes qu'elles n'en ont trouvé dans la terre où elles ont végété. Elles ont donc emprunté à l'atmosphère une quantité notable de ces matières. Nous les rangerons, avec M. de Gasparin, sous la dénomination de *groupe améliorant*. Les autres (*groupe épuisant*) puisent, au contraire, dans le sol tous les principes de leur nutrition ; l'analyse de leurs produits et l'état du sol prouvent qu'ils n'ont pas sensiblement prélevé de matériaux nutritifs dans l'atmosphère.

GROUPE AMÉLIORANT. — La LUZERNE se sème en automne ou au printemps. Elle se plaît dans les terrains un peu humides et profonds; mais elle craint la gelée et il lui faut de la chaleur pour donner les trois ou quatre coupes qu'on en attend. Dans le Midi, on la préfère aux autres plantes fourragères, on obtient même jusqu'à cinq récoltes en fauchant régulièrement aussitôt qu'elle est en fleur.

La luzerne enfonce en terre un pivot d'une très-grande longueur, presque dépourvu de racines latérales.

C'est par son extrémité que s'épanouissent les nombreuses papilles qui terminent les radicules et par où elle soutire les sucs nourriciers. Cette extrémité inférieure du pivot s'allonge toujours en cherchant de nouveaux éléments de nutrition à une plus grande profondeur. Passé le premier mois de son existence, la plante emprunte peu à l'engrais déposé à la surface du sol. Elle va chercher les éléments nutritifs dans les couches de plus en plus profondes, et, au contraire, elle ramène à la surface, par les débris de ses feuilles caduques, la fertilité arrachée au fond.

On parle de luzernes qui ont duré trente ans. Dans la pratique, une prairie de luzerne ne dure guère que deux ou trois ans. Outre les causes générales de dépérissement, deux ennemis, la *cuscute* et le *rhizocton*, abrègent souvent la vie de cette plante. La cuscute est une plante grimpante annuelle dont les tiges détruisent celles de la luzerne en les enlaçant et les étreignant avec force. Le rhizoctone est un cryptogame qui, sous la forme de filets rougeâtres, enveloppe la racine, se nourrit de ses sucs et la fait périr.

Le TRÈFLE est une plante d'adoption récente : on le sème, comme la luzerne, en automne ou au printemps. Quelquefois on le mélange aux céréales. C'est aux cultivateurs à calculer si cette récolte passagère compense la réduction qu'ils ont éprouvée dans le rendement du blé.

Le trèfle est le fourrage des terrains humides, mais c'est le trèfle généralement cultivé, le trèfle *rouge*, qu'il faut entendre; une autre espèce, le trèfle *incarnat*, est merveilleusement propre aux terrains secs, pourvu qu'elle y trouve cependant assez d'humidité pour germer.

Les trèfles sont tous des plantes améliorantes comme les luzernes et le sainfoin; mais, s'ils fixent de l'azote, ils prélèvent sur le sol une plus grande quantité de chaux et de potasse. Aussi est-ce par le plâtrage qu'on leur donne la plus belle végétation.

On ne garde ordinairement le trèfle rouge que deux ans. Il donne une faible coupe la première année où il est semé. Sa production a lieu la seconde, mais il décline la troisième. Le trèfle incarnat périt aussitôt qu'il a porté graine. C'est ce qui le distingue du trèfle rouge. Il peut occuper une place importante dans les assolements, en ce qu'il succède immédiatement au blé qui vient d'être récolté, qu'il n'exige presque aucune culture, et parce qu'à l'époque où il doit être semé, on a pu reconnaître les non-réussites des trèfles et des autres fourrages faits au printemps. On leur substitue immédiatement le trèfle incarnat qui répare la perte.

Le SAINFOIN est une plante améliorante par excellence; sa longue durée ajoute encore, par une notable économie de main-d'œuvre, aux bienfaits de son assolement. Son terrain de prédilection est profond et assez fortement calcaire; mais, depuis qu'on connaît l'usage du plâtre, tous les sols lui sont devenus bons.

Les terrains qui deviennent secs au printemps ne peuvent donner que de faibles récoltes de luzerne et de trèfle; le

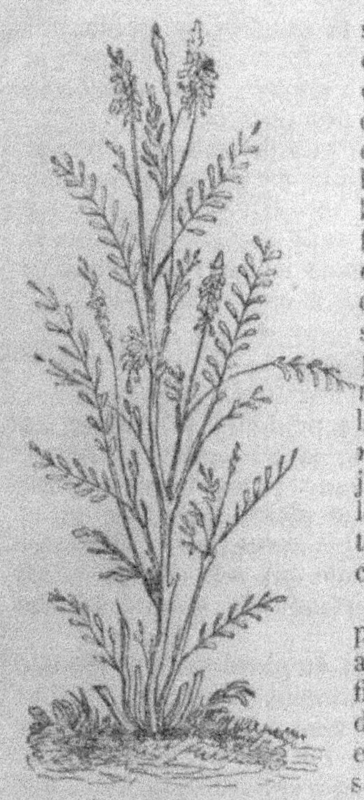

sainfoin, au contraire, ne dépérit que dans les fonds où l'humidité est stagnante. Ses racines ont quelquefois plus de deux mètres de longueur; elles trouvent dans les couches inférieures du sol l'humidité qui manque à sa surface. Il y a cependant une limite à cette rusticité de la plante; dès que la couche supérieure est desséchée jusqu'à 30 centimèt. de profondeur de manière à ne plus renfermer que 10 centimèt. d'eau, le sainfoin entre dans son *sommeil estival* et cesse de pousser jusqu'en automne, au retour de l'humidité, tandis que dans les terrains frais il pousse une seconde et une troisième coupe.

Une terre médiocre, qui avait porté du sainfoin pendant cinq ans, avait acquis une fertilité suffisante pour produire à l'hectare de 45 à 46 hectolitres de froment en trois récoltes consécutives sans que la fumure en eût été renouvelée. Elle resta même en meilleur état de fertilité qu'au point de départ de l'expérience. La moyenne de la récolte annuelle du fourrage avait été de 4,000 à 5,000 kilog. par hectare.

On connaît deux variétés bien distinctes de sainfoin, et il ne faut pas les confondre, si l'on ne veut éprouver de grands mécomptes.

Le *petit sainfoin*, ou sainfoin des montagnes, était seul connu dans le Nord, il y a quelques années. Cette variété provient de terrains pauvres et ne donne que de faibles produits. Le *grand sainfoin*, sainfoin *à deux coupes*, sainfoin *chaud*, provient des cultures soignées, faites dans les meilleurs terrains calcaires du Languedoc. Il est infiniment plus vigoureux, plus fort que le sainfoin ordinaire, et, comme le regain peut habituellement se faucher, à cause de son élévation, on lui a donné le nom de sainfoin à deux coupes. C'est le seul qui mérite d'être cultivé. Mais, si sa culture est continuée dans des terres pauvres et arides, il ne tarde pas à retourner au type du sainfoin de montagne.

Telles sont les principales plantes fourragères du groupe améliorant. Il faudrait y joindre les *vesces*, le *genêt*, la *spergule*, pour en avoir la liste à peu près complète.

GROUPE ÉPUISANT. — Nous avons peu de chose à dire sur cette classe de plantes dont la principale est une graminée, le *seigle*, dont il a déjà été parlé. Le *maïs* et l'*ivraie vivace* (*ray-grass*), viennent sur le même rang que le seigle, sous le rapport de la valeur fourragère; mais ils sont peu cultivés dans les régions agricoles que nous avons eues en vue.

LE SORGHO.

Le sorgho, dont nous aurions peut-être pu parler au chapitre des plantes industrielles, paraît devoir remplacer la betterave dans le midi de la France; mais on commence seulement à l'expérimenter comme plante saccharigène, et il faut attendre de nouvelles études avant de se prononcer sur sa valeur industrielle. La seule qui soit véritablement acquise, c'est la grande importance du sorgho comme plante fourragère.

Depuis cinq ans le sorgho est employé sur une grande échelle et avec succès comme aliment des bestiaux. Les éleveurs de la Beauce le considèrent comme la plus riche de nos plantes fourragères. On en fait trois récoltes et même quatre par an, mais c'est une culture épuisante; elle fatigue les terres pour le moins autant que celles du blé. Reste à savoir si la valeur du fourrage produit est une compensation suffisante de la quantité d'engrais qu'il faut sacrifier.

La culture en est facile et n'exige pas de frais considérables. Presque toutes les terres lui conviennent; il faut seulement que, sans être humide, le sol reste assez frais pendant la première époque du développement. Il sera utile, dans le Midi, d'abriter la jeune plante contre la trop grande ardeur du soleil, ce qu'on fera en semant une plante à croissance rapide entre les rangées de sorgho.

On sème au printemps et l'on coupe trois ou quatre fois jusqu'aux premiers froids.

Paris. — Typ. Vent frères, rue du Pourtour St-Gervais, 9

BIBLIOTHÈQUE PHILIPPART

100 VOLUMES

Chaque volume forme un ouvrage complet et se vend séparement.

1 Alphabet avec syllabaires.	51 Histoire de Napoléon 1er.
2 Civilité chrétienne.	52 — de Paris.
3 Tous les genres d'écriture.	53 — d'Angleterre.
4 Grammaire de Lhomond.	54 — d'Allemagne.
5 Exercices français.	55 — de Russie.
6 Corrigé des exercices.	56 — d'Italie.
7 Traité des participes.	57 — d'Espagne et Portugal.
8 Cours d'analyse grammaticale.	58 Chronologie universelle.
9 Cours d'analyse logique.	59 Victoires et conquêtes.
10 Le bon langage enseigné.	60 Histoire de la marine française.
11 Vie de N.S.J.C. et de la Ste Vierge.	61 — de la Chine.
12 Les Apôtres et les Martyrs.	62 Découverte de l'Amérique.
13 Vie des Saints.	63 Biographie des hommes utiles.
14 Vie des Saintes.	64 — hommes célèbres (français).
15 Beautés de l'Imitation de J. C.	65 — (étrangers).
16 Géographie générale.	66 Morale en action.
17 — de l'Europe.	67 Une lecture chaque dimanche.
18 — de l'Asie.	68 Morceaux de littérature (prose).
19 — de l'Afrique.	69 — (vers).
20 — de l'Amérique.	70 Fables choisies de La Fontaine.
21 — de l'Océanie.	71 — de Florian.
22 — de la France.	72 Racine. *Athalie et Esther.*
23 Voyage autour du monde.	73 Boileau. *Art poétique.*
24 Les missions célèbres.	74 La sagesse des nations.
25 Éléments de rhétorique.	75 Histoire naturelle : l'Homme.
26 Cours de narrations.	76 — Mammifères
27 Art épistolaire et ponctuation.	77 — Oiseaux.
28 Dictionnaire des synonymes.	78 — Poissons.
29 Éléments d'arithmétique.	79 Traité de minéralogie (planche).
30 Problèmes d'arithmétique.	80 — de géologie —
31 Éléments d'algèbre.	81 — de physique (figures).
32 Problèmes d'algèbre.	82 — de chimie —
33 Éléments de géométrie (figures).	83 Éléments d'astronomie —
34 Problèmes de géométrie —	84 Traité d'agriculture.
35 Art de lever les plans.	85 Éléments d'horticulture —
36 Système métrique.	86 — de botanique.
37 Tenue des livres.	87 — de mécanique (figures)
38 Notions de commerce.	88 Les Pourquoi et les Parce que.
39 La France industelle et commale.	89 Inventions et découvertes.
40 Droits et devoirs du citoyen.	90 Erreurs et préjugés populaires.
41 — du commerçant.	91 Merveilles de la nature.
42 Histoire sainte.	92 — de l'art.
43 — ancienne.	93 Dessin linéaire (avec figures).
44 — romaine.	94 Traité d'architecture —
45 — grecque.	95 — de peinture et sculpture.
46 Mythologie.	96 Dessin, gravure, lithographie.
47 Histoire du moyen âge.	97 Photographie et galvanoplastie.
48 — moderne.	98 Traité élémentaire de musique.
49 — de France.	99 Conseils d'économie domestique.
50 — des Croisades.	100 Hygiène.

PARIS. — TYP. J. CLAYE.